KB271046

사회비교이론에 따른

직장인의 외모관리와 패션상품구매

직장인의 외모관리와 패션상품구매

백인선 지음

The Effect of The Social Comparison against Appearance Management Working People's Appearance Information Conjugate · Appearance Management and Fashion Product Purchases

한국학술정보㈜

    제 인생에서 소중한 책이 완성되기까지 많은 분들의 도움이 있었습니다. 박사논문을 마치면서 그동안 많은 격려와 지도로 연구의 길을 열어 주셨던 여러분들께 감사의 마음을 전하고자 합니다.

    부족한 저를 예술대학원 때부터 언제나 자상한 지도와 관심을 아끼지 않으시고, 본 연구가 완성되기까지 부족한 저를 이끌어 주신 홍병숙 교수님께 진심으로 깊이 감사드립니다.

    논문심사과정을 통하여 본인이 생각하지 못했던 중요한 점들을 세심하게 지적해 주신 정삼호 교수님, 이은영 교수님, 고애란 교수님, 김미영 교수님께도 깊은 존경과 함께 감사를 드립니다.

    연구 준비 기간부터 끝날 때까지 연구의 방향과 통계분석에 최선을 다해 도와주신 이은진, 박성희 선생님께도 감사의 마음을 전합니다. 또, 대학원 생활 내내, 연구가 완성되기까지 크고 작은 도움을 주었던 나윤규, 권유진, 한성숙, 조윤정 님과 유난히 마음이 여유로웠던 패션마케팅 전공 후배님들께도 감사드립니다.

    연구 기간 내내 친구라는 명목으로 도움만 받았던 김수연, 장수영, 안정민, 박선미, 주성은, 전형준 님께도 감사드립니다.

    연구 기간은 제게 배움의 길이 험하다는 것을 실감하는 시간들이었습니다. 앞으로 인생에서 교수님들과 도움을 받은 분들에게 보답하는 길은 더 열심히 공부하고 겸손하게 생활하는 모습을 보여 드리는 것이라 생각됩니다.

　마지막으로 오늘의 제가 있기까지 언제나 사랑과 믿음으로 믿고 감싸 주시는 부모님께 진심으로 깊이 감사드립니다. 막내딸의 인생에서 첫 번째 결실을 드립니다.

2007년 12월

백　인　선

I

서 론

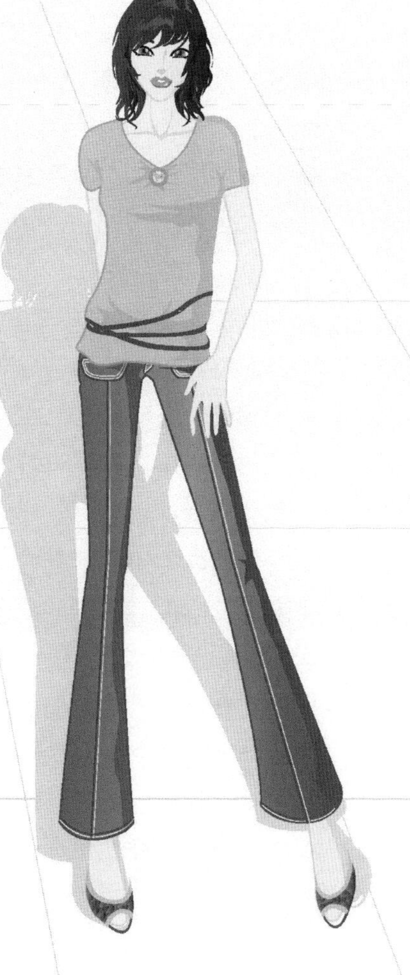

The Effect of The Social Comparison against Appearance
Management Working People's Appearance
Information Conjugate · Appearance Management
and Fashion Product Purchases

1. 연구의 필요성

대인관계에서는 첫인상이 매우 중요하다. 첫인상은 나를 타인에게 알리는 소리 없는 신호로, 옷과 화장, 표정, 자세, 몸짓 등으로 만든 외모가 첫인상을 형성한다. 일반적으로 사람들은 상대의 외모를 통해 그의 내면과 특질을 평가하려는 경향이 있으며(Cash & Pruzinsky, 1990), 이러한 현상은 현대 사회에서 더욱 두드러져 외모가 자신을 외부로 표현하는 중요한 수단이 되고 있다. 뉴욕 타임즈의 칼럼리스트 William Safire(2000)가 인종, 성별, 종교, 이념 등에 이어 새롭게 등장한 차별 요소가 외모문제라고 지적하였듯이 이제 외모는 대인관계만이 아니라 사회에서의 성공이나 승진에도 영향을 미쳐 외모지상주의, 즉 '루키즘(lookism)' 시대가 오고 있다.

외모에 대한 집착은 선천적인 외모에 대한 비관을 통하여 질병을 유발하거나, 상대적 열등감을 조장하여 지나친 외모관리 및 성형을 당연시하는 사회풍조를 만들 수 있다. 또한 이상화된 광고 이미지 특히 광고 모델과의 신체적 비교를 통해 보통 체형임에도 불구하고 자신이 뚱뚱하다고 생각하여 다이어트 경험이 있는 여성이 많다(신정숙, 2004)는 결과는 외모지상주의의 세태를 잘 지적한 예이다. 지금과 같은 외모지상주의 사회에서는 원활한 대인관계나 사회생활의 성공을 위한 필수불가결한 요소로 외모관리의 중요성이 커지고 외모 관련 상품의 소비가 증가하고 있다. 그렇다면, 사회·환경적인 변화가 개인의 심리에 어떻게 영향을 미쳐 외모관리 및 외모 관련 상품의 소비 증가를 가져왔는지에 대한 의문이 제기된다.

외모에 대한 사회적 통념은 시대에 따라 다르지만, 자신이 살고 있는 시대에 그 사회가 추구하는 아름다운 외모에 대한 기준이 외모 가꾸기에 영향을 미친다. 아름다운 외모를 지닌 사람들은 자기 스스로

만족하고 능동적인 삶을 살아가며 사회생활에서도 자신감을 발휘하는 반면, 외모가 아름답지 못하다고 스스로 지각하는 경우는 사회적으로 위축되고 사회생활에 자신감이 없으며 타인에게 좋은 대우를 받지 못한다(Cash & Pruzinsky, 1990). 이와 같이 외모는 사회생활의 상호작용에서 매우 중요한 역할을 하며, 외모에 대한 사회적 기준은 개인의 심리에 영향을 미쳐 외모를 관리하거나 이와 관련된 상품을 소비하는 요인으로 작용한다.

일반적으로 사람들은 사회적 관계 속에서 나와 타인의 비교를 통해 자신의 존재의미를 발견하는 경우가 많다. 나의 의견에 다른 사람도 그렇게 생각하는지, 혹은 다른 사람과 비교해서 나는 열등한가, 뛰어난 사람인가를 판단하며 불행한 상황에 놓였을 때 나보다 더 불행한 사람을 생각하여 위안을 얻거나, 나보다 높은 위치에 있는 사람을 보았을 때 그 사람처럼 되기 위해 노력한다. 이러한 비교과정은 상황적, 심리적 요인에 의해 달라지며, 비교를 통한 결과는 만족 혹은 불만족, 일치 혹은 불일치의 감정으로 나타나 이를 해결하려는 일련의 행동을 취하며, 이 모든 행위는 궁극적으로 자아존중감을 높이기 위해 의도된 것이다.

본 연구는 사람들의 사회비교과정에서 나타나는 심리적 변인들이 의복이나 피부, 헤어 관리 및 패션상품 구매의도에 영향을 미칠 것이라는 가정에서 시작하였다. 특히 심리학자 Festinger(1954)에 의해 제기되어 사회심리학 분야에서 활발하게 논의되고 있는 사회비교이론을 근거로 하여 한 개인이 자신보다 낮거나 비슷한 타인과 비교하는 상황에서 자아존중감과 비교불만족, 자아불일치 등과 같은 심리적 변인을 경험할 것이라고 보았다. 사회비교이론은 인간이 사회적 동물이기 때문에 자의든, 타의든 사회 속에서 타인과 비교를 하게 된다는 가정하에 나보다 나은 사람(상향비교설), 나보다 못한 사람(하향비교설), 나와 비슷한 사람(수평비교설)을 비교기준으로 하고, 비교 후에 경험하는 심리적 정서가 긍정적 혹은 부정적인 방향에서 개인마다 다르게 나타나는 것이다.

이는 사회심리학에서 정보소통이 개인의 의견 변화에 미치는 영향을 연구하는 데서 시작된 이론으로, 과학과 산업이 발달하고 매스 미디어의 영향력이 증가되어 정보수용의 격차가 사라진 현대에 들어 더욱 활발하게 논의되고 있다. 광고나 정보의 홍수 속에서 외모에 대한 관심이 증가하고 외모가 사회생활의 필수요소가 되면서 광고학, 경영학 등의 학문분야에서도 다루어지고 있으나, 외모관리와 관련된 화장품이나 패션분야에서도 충분히 논의할 수 있는 이론임에도 불구하고 패션분야에서 외모 관련 소비자의 심리적 요인 연구를 위하여 사회비교이론을 다룬 경우는 전혀 없다. 하지만, 외모가 사람을 평가하는 기준이 되고 대인관계 및 사회생활에서 중요한 기준이 된 현 사회에서는 사람들이 사회비교를 통하여 경험하는 심리·사회적 변인이 외모관리나 패션상품 구매의도에 영향을 미칠 것으로 판단된다.

사회비교는 자기향상이나 자기평가, 자기고양의 목표를 가지고 비교대상을 선택하며, 대부분의 선행연구에서는(이시연, 2005; 장은영, 2004; 한경미, 2006; Festinger, 1954; Helgeson & Michelson, 1995; Higgins, 1987; Taylor & Lobel, 1989; Wills, 1981) 사회비교를 통해 사람들이 경험하는 심리적 정서로 자아불일치, 비교불만족, 자아존중감 등을 거론하고 있다. 여기서 자아불일치는 이상적인 자아와 현실적인 자아와의 차이로 인하여 생기는 것으로 자신보다 나은 사람과의 비교를 통하여 발생한다. 그리고 비교불만족은 모든 비교과정에서 생기는 심리적 정서로서, 주변의 친구나 가족 등 비슷한 집단의 사람과 비교하여 그 대상보다 자신이 못하다고 인지할 때 특히 많이 느낀다. 이와 같은 감정들을 느낌으로써 불만족한 부분을 보완하고, 불일치를 일치로 만들고자 하는 노력으로 긍정적인 상호작용이 일어나 궁극적으로 자아존중감을 높이게 된다는 것이 사회비교이론의 요지이다. 물론 불일치와 불만족과 같은 감정을 인지하지 않는 사람도 사회비교를 통하여 자아존중감을 높이고자 노력한다.

사회비교를 통하여 개인이 인지하는 감정들은 그 사람의 성격을 형성하여 다양한 외적 행동으로 나타난다. 특히 자신이 닮고 싶은 이상적인 모델이 있거나 자기 스스로 타인보다 못하다고 느낄 경우 이를 극복하기 위하여 외모관리에 더욱 관심을 가질 수 있다. 이때 외모에 관심을 갖고 외모관리에 필요한 외적 정보원을 찾고자 하는 행동을 보임으로써 결국에는 외모와 관련된 패션상품을 구매하고자 하는 의지를 보인다. 따라서 사회비교이론의 변수인 자아불일치와 비교불만족, 자아존중감은 외모관리에 직접적인 영향을 미치거나, 미디어와 같은 외적 정보원 혹은 외모에 대한 관심을 증가시켜 외모관리에 영향을 줌으로써 패션상품의 구매의도를 높일 것으로 추측할 수 있다.

외모와 관련된 선행연구를 살펴보면, 고등학생 혹은 여자대학생을 대상으로 성역할 정체감, 이성에 대한 관심, 체중조절경험 및 신체만족도 등이 외모관리에 미치는 영향(김정미, 2006; 서화숙, 2002)을 알아보거나 여성의 외모관리에 대한 질적 연구(신효정, 2002), 자아존중감, 외모관심도가 의복태도 및 화장도에 미치는 영향(문혜경, 유태순, 2003) 등과 같이 10대, 20대의 연령층을 대상으로 하거나 외모관심도, 신체만족도, 성역할 정체감, 자아존중감 등의 변인이 외모관리 및 외모행동에 미치는 영향을 알아보는 것이 대부분이다. 그러나 외모관리는 성공적인 사회생활이나 타인과의 관계를 유지하고자 하는 직장인들에게 매우 중요한 요소로서, 사회생활 속에서 타인과의 비교가 이들의 외모관리에 영향을 미칠 것으로 생각된다. 또한 외모관리를 구매행동과 연결시킨 연구도 거의 없어 이에 관한 연구의 필요성이 제기된다.

따라서 본 연구는 사회생활에서 타인과의 비교가 많을 것으로 고려되는 직장인을 대상으로 이들의 사회비교에 따른 심리적 정서가 미디어나 외모에 대한 관심을 유발하여 외모관리 및 패션상품 구매에 어떠한 영향을 미치는지를 알아보고자 한다. 본 연구는 개인의 외모관리와 이와 관련된 패션상품의 구매의도에 있어 심리적인 변인으로 사회비교이론의 개념을 수용한 것에 의의가 있으며, 이 결과는 직장인의 외모관리와 관련된 제품기획이나 소비자의 마음에 차별화된 상품 이미지를 심고자 하는 브랜드의 마케팅 전략에 도움이 될 것이다.

2. 연구의 목적

본 연구는 사회비교이론을 적용하여 사회비교의 결과로 인하여 발생되는 심리적 정서가 외모정보활용과 외모관리에 영향을 미쳐 궁극적으로는 패션상품 구매의도에는 어떠한 영향을 미치는지를 분석하는 데목적이 있다. 이를 구체적으로 나타내면 다음과 같다.

첫째, 직장인의 사회비교로 인한 심리적 정서가 외모정보활용과 외모관리에 직접적으로 영향을 미치는지를 알아본다. 이를 통하여 개인의외모관리에 있어 사회비교과정에서 나타나는 개인의 심리적 정서가 영향을 미치는지를 파악한다.

둘째, 외모정보활용과 외모관리가 패션상품 구매의도에 미치는 영향과 외모정보활용과 외모관리의 상관관계를 알아본다.

셋째, 이러한 영향관계가 개인적 특성에 따라 차이가 있는지를 비교분석한다. 이는 여성과 남성, 연령 등에 따라 외모정보활용, 외모관리, 패션상품 구매의도에 차이가 있을 것이라는 예측에 의한 것으로, 이를확인하는 과정을 통하여 외모 관련 상품의 시장세분화 전략에 있어 지침을 마련한다.

3. 연구의 구성

본 연구는 직장인의 외모관리와 패션상품 구매의도에 영향을 주는 사회심리적인 요인에 관한 연구로 전체 5장으로 구성되어 있으며, 이를 요약하면 <그림 1>과 같다.

제1장은 연구의 필요성과 목적을 밝히고 연구의 의의 및 구성을 제시하였다.

제2장은 이론적 배경으로서, 본 연구의 주요 개념인 사회비교이론과 미디어, 외모관리에 대한 선행연구를 고찰하고 직장인의 외모관리 및 패션상품 구매의도에 관하여 살펴보았다.

제3장은 실증연구를 위한 연구문제 및 연구가설을 설정하고, 연구모형과 변수의 조작적 정의 및 측정, 자료수집과 분석방법을 제시하였다.

제4장은 연구대상의 특성을 밝히고 연구문제 및 가설에 따라 연구결과를 해석, 논의하였다.

제5장은 연구의 결과에 따른 마케팅 시사점을 제언하고, 연구의 한계 및 향후 연구방향을 밝혔다.

서 론
이론적 배경
사회비교이론
외모정보활용
외모관리
연구 방법 및 절차
인터넷
사회비교이론의 결과변수와 외모정보활용·외모관리의 영향관계
외모정보·외모관리가 패션상품구매의도의 미치는 영향관계
결론 및 제언

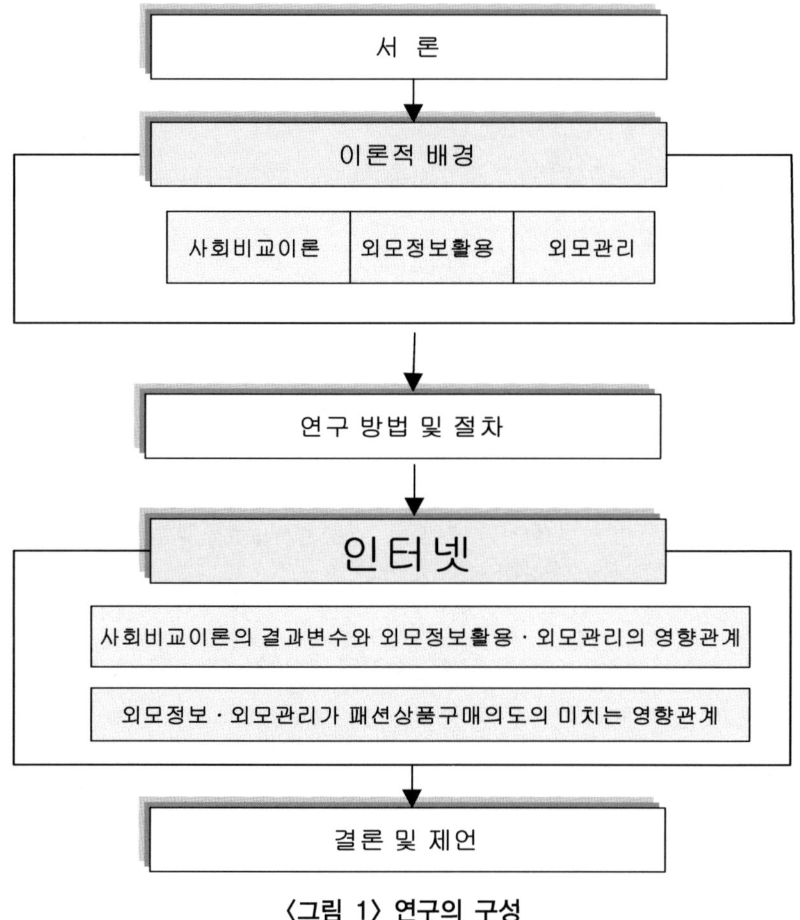

〈그림 1〉 연구의 구성

II

이론적 배경

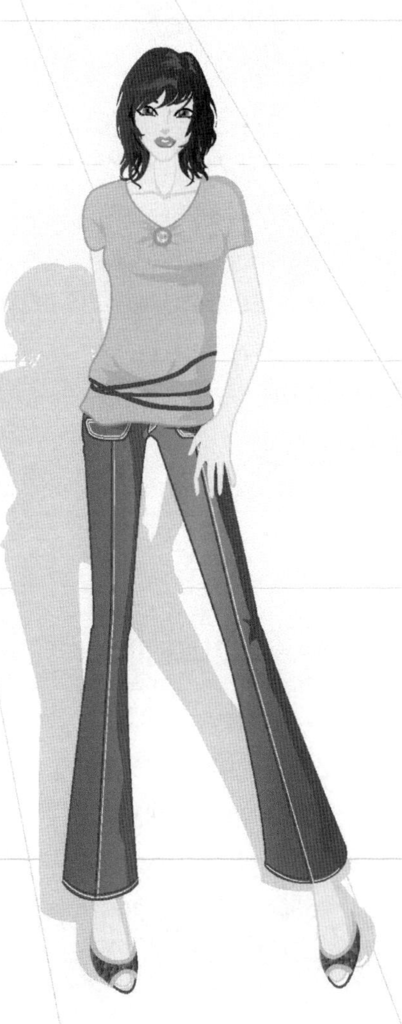

The Effect of The Social Comparison against Appearance
Management Working People's Appearance
Information Conjugate · Appearance Management
and Fashion Product Purchases

대인관계에 있어 외모의 중요성을 인지한 학자들에 의해 외모에 영향을 미치는 선행변인들과 결과변인들에 대한 연구나 이들의 관계를 확인하려는 시도가 지속적으로 이루어지고 있다. 선행연구에서 거론한 외모에 영향을 미치는 심리적 변인으로는 자아존중감, 자기효능감, 스트레스, 우울 등이 있으며, 성역할 정체감과 외모관심도, 신체적 만족도, 이성에 대한 관심 등도 변인으로 다루어져 왔다. 일부 연구에서는 이들이 외모관리만이 아니라 화장행동, 의복행동 등에 어떻게 영향을 미치는지를 밝히고 있지만, 직장인들의 성공적인 사회생활을 위한 기준이 되고 있는 외모와 관련한 심도 깊은 연구는 이루어지지 않고 있다.

지금까지 개인의 심리적 변인을 중심으로 외모 관련 연구가 이루어져 왔다면, 어떤 사람의 능력을 판단할 때 외모가 중요한 기준이 된 현대 사회에서는 사회심리학적 관점에서의 접근이 바람직하다. 이에 본 연구는 사회생활에서 다른 사람과 비교하는 과정에 대한 연구가 활발히 이루어지고 있는 사회심리학 분야의 사회비교이론을 적용하여, 이들 이론에서 검증된 변수들이 직장인의 외모관리 및 패션상품 구매의도에 미치는 영향을 알아보고자 시도되었다.

1. 사회비교이론과 선행연구들

Festinger(1954)에 의해 처음 제기되어 발전한 사회비교이론(Social Comparison theory)은 사람들이 왜 집단에 속하고, 다른 사람과 왜 그렇게 자주 교류를 가지려는 경향이 있느냐를 이해하는 사회심리학에서 출발한 이론으로, 우리 자신을 다른 사람과 비교함으로써, 자신을 사회

적으로 평가하려는 동기에서 출발하였다. 본 연구에서는 개인의 외모관
리와 패션상품의 구매의도에 미치는 요인을 사회비교이론의 틀로써 이
해하고자 한다.

1) 사회비교이론의 개념

　사회심리학에서 사회비교이론(Social Comparison Theory)은 정보소통
이 개인의 의견 변화에 미치는 영향을 연구하는 데서 비롯되었다(정진
애, 2003). 그 이후 개인의 의견 및 능력에 대한 평가를 포함하여 친화
(Kulik, Mahler & Moore, 1996; Schachter, 1959; Zimbardo & Formica,
1963), 집단 내 사회비교(Goethals & Darley, 1977), 수행(Seta, Seta &
Donaldson, 1991; Williams & Karau, 1991) 등의 분야에 적용되어 왔으
며, 스트레스(Wood & Taylor, 1991; Taylor, Buunk & Aspinwall, 1990)
나 질병대처(Wood, Taylor & Lightman, 1983) 등을 중심으로 건강심리
학, 임상심리학 및 성격심리학 분야에도 적용되고 있다. 이렇게 심리학
분야 중심으로 연구되던 사회비교이론이 최근 소비자 심리를 연구하는
데 유용한 것으로 밝혀지면서 소비심리학이나 광고학, 경영학 등의 분
야에 응용되고 있다.
　사회비교이론을 최초로 제시한 Festinger(1954)에 의하면 사람들은 자
신의 의견과 능력을 평가하고자 하는 심리를 지니고 있으며, 이를 충
족시키기 위하여 객관적인 평가기준을 사용하여 자신을 평가한다. 그러
나 객관적인 평가기준이 없을 경우 주관적인 평가기준을 사용하여 심
리적 욕구를 충족시키는데, 이때 자신과 의견이나 능력이 비슷한 타인
을 평가기준으로 선택한다고 제안하였다. 의견이나 능력이 자신과 다른
사람들과 비교하면 정확한 평가가 이루어지지 않기 때문에 대부분의
사람들은 자신과 비슷한 사람과 비교하여 평가하려 하고, 타인과의 비

교가 불쾌한 결과를 암시한다면 비교를 중단하게 될 것이다. 따라서 Festinger는 자신의 의견이나 능력이 어느 정도인지 확실하게 알지 못하는 상황에서 사람들은 정확한 평가를 위하여 자신과 유사한 타인과의 비교과정을 겪는다고 주장하였다.

이와 같은 유사비교와 함께 Festinger는 능력 차원에서 일방향의 상향비교설을 제안한 바 있다. 이 가설을 수용하여 Wheeler(1966)는 사람들이 비교대상을 선택할 때 자신보다 약간 능력이 높은 사람들을 선택하는지를 실험연구를 통하여 알아보았다. 이 실험에서 Wheeler는 참가자들에게 세미나 참석자를 선택하는 데 사용된다고 믿게 한 허위 성격검사를 실시하고, 모든 참가자들에게 동일한 점수를 제시하였다. 그리고 나서 참가자들에게 집단 내 어떤 사람들의 점수를 알고 싶은지 질문을 하였는데, 참가자의 87%가 자신보다 상위에 있는 사람들을 비교대상으로 선택하였다. 이 결과를 통해 Wheeler는 사람들이 비교대상을 선택할 때 자신보다 약간 상위의 사람들을 선택한다는 Festinger의 제안을 지지하였다.

초기에는 주로 유사비교와 상향비교만이 거론되었으나, Wills(1981)는 사람들이 자신의 행복을 불행한 타인과의 비교를 통하여 증진시킬 수 있다는 하향비교이론을 제안하였다. 이 경우는 자존감의 위협이 예고된 상황에서 나타나는 것으로서, 예를 들어 '나는 부모에 대하여 적대감을 가지고 있다'는 가정하에 비교대상을 선택할 경우 자신보다 못한 사람과 비교를 하게 된다. 사람들은 불행한 타인과 비교하게 되면 자신이 처한 상황에 대해 우월을 느끼기 때문에 주관적 행복을 증진시킬 수 있다. 즉 사람들은 자신의 행복을 불행한 타인과의 비교를 통해 증진시킬 수 있으며, 자신보다 열등한 사람과의 비교는 자신의 상황에 대해서 더 낮게 느끼게 해 주기 때문에 주관적 행복이 증가한다는 것이다. 이러한 하향비교는 자신의 긍정적 자아상이 위협받는 상태에서 선호하게 된다.

또한 그는 자존심에 대한 위협이 하향비교를 선택하게 만든다는 점에서 자존심에 대한 부가적 명제를 제안하였다. 즉 하향비교는 침해받는 주관적 안녕감을 증진시키려는 자기고양 때문에 촉발되므로 만성적으로 자존심이 낮거나 일시적으로 자존심이 낮아진 사람은 자존심이 높은 사람보다 자기고양의 강하므로 하향비교를 더 추구한다고 하였다. 이후 자존심과 관련된 명제를 검증하려는 많은 연구(Thompson & Crocher, 1990; Reis & Gibbons, 1993; Gibbons & McCoy, 1994; Wood, Giordano－Beech, Taylor, Michela, & Gaus, 1994)들이 수행되었지만, Wills(1981)의 가설이 일관되게 지지되지는 못했다.

즉 Wills(1981)의 가설과 일치되는 결과들(Shrauger, 1975)은 그리 많지 않으며, 자존심만으로는 비교의 방향을 예측할 수 없어서 위협과 같은 변인과 함께 영향을 미친다는 점을 보인 연구들(Brown, Collins, & Schmit, 1998; Gibbon & MaCoy, 1994; Wood, Giordano－Beech, Taylor, Michela, & Gaus, 1994)도 있다(장은영, 2003).

이후 사회비교에 대한 여러 연구들은 사회비교가 이루어지고 난 후 개인이 경험하는 정서, 자기평가, 수행수준을 다루는 데 초점을 두었다.

Wood(1989)는 Festinger 이후 기존의 사회비교연구가 사회비교결과 개인은 어떤 영향을 받는가보다 개인들이 비교를 위해 누구를 선택하는가에 관심을 집중시킴으로써 개인의 비교동기가 무엇인가 그리고 이를 위해 대상으로 누구를 선택하는가에 관심을 두었을 뿐 사회적 환경이 개인에 비교를 부과하는 상황에 대해서는 관심이 부족했다고 지적했다. 그는 사회비교과정을 개인이 능동적으로 사회적 환경에 비교하는 일방향적인 것이 아니라 비교과정에 있어서 비교가 부과되는 상황이 있고 개인이 이에 반응하는 양방향적인 과정으로 보아야 함을 강조하였다.

Geothal(1986)도 사람들이 능동적으로 사회비교를 추구한다는 Festinger의 주장에 이의를 제기했다. 현저히 드러나거나 접근이 쉬운 경우 혹은 자주 상호작용을 하거나 최근에 접촉한 경우에는 사람들 스스로가 원하든 원치 않던 간에 타자와의 비교가 자동적으로 일어날 수 있다고 주장했다. 이러한 비판을 종합해 볼 때 사회비교이론의 연구에 있어 개인의 의지와 상관없이 강제적인 사회비교가 생기는 상황과 그 결과가 스스로에게 어떤 영향을 미치는가에 대해 보다 많은 관심이 기울여져야 할 필요가 있을 것이다.

예를 들면, 광고를 비롯한 미디어 이미지에 소비자가 노출되었을 경우가 사회적 환경이 비교를 부과하는 경우라고 할 수 있다. 특히 광고의 경우 우리는 자신의 의지와는 상관없이 광고를 보게 되는 경우가 대부분이다. 광고 이미지는 여러 측면에서 우리가 부러워하는 삶의 모습을 다양한 형식으로 제시하고 있다. Geothal의 주장에 의하면 이러한 경우 우리 스스로가 원하지 않더라도 광고와의 비교는 자동적으로 일어날 수 있을 것이다.

이상에서 설명한 바와 같이, 사회비교이론은 크게 세 가지 유형으로 구분된다. 즉 나보다 나은 위치의 사람과 비교하려는 상향비교(upward comparison), 나와 비슷한 위치의 사람과 비교하려는 유사비교(lateral comparison) 그리고 나보다 못한 위치의 사람과 비교하려는 하향비교(downward comparison)이다. 여기서 위치는 연구자에 따라 수행(Brockner, 1979; Gibbons, Benbow, & Gerrard, 1994), 능력(Radloff, 1966), 의견(Festinger, 1954), 성격(Hakmiller, 1966; Wheeler, Shaver, Jones, Goethals, & Cooper, 1969) 및 위협을 주는 사건에 대한 대처(Gibbons, Gerrard, Lando, & McGovern, 1991; Taylor, Wood, & Lightman, 1983) 등에서 차지하는 상대적 수준을 의미한다.

그러면, 사람들이 자신과 타인을 비교하게 되는 이유는 무엇일까? 이에 관해 연구자들은 사회비교의 동기와 기준의 선택, 비교에 따른 결과의 관점에서 접근하고 있다. 이는 세 방향의 사회비교가 각기 다른 동기에 의해서 촉발되고 비교의 결과에 따라서 동기의 충족수준도 달라진다고 보고 있기 때문이다.

Taylor, Wayment와 Carrillo(1993)에 의하면 자기고양 동기는 자기상의 위협이나 자존심이 손상되는 상황에서 높아지며 주로 하향비교를 통해서 충족되고, 자기평가 동기는 평가의 불확실성이 높을 때 유발되어 유사비교를 통해 충족되며, 자기향상 동기는 자기평가와 자기고양의 동기가 충족된 후 나타나 상향비교를 통해서 충족된다. 그러므로 사회비교를 하려는 개인이 어떤 동기를 가지고 있는가에 따라 비교기준의 선택이 달라진다고 할 수 있다. 그러나 하나의 동기만이 아니라 둘 혹은 그 이상의 동기가 사회비교를 유발하기도 한다.

　Tesser(1991)는 자기평가유지모형을 통하여 인간이 자기를 평가하거나 고양시키려는 기본 동기를 지니고 있다고 가정하면서 비교과정을 비교와 반영으로 나누어서 비교 후 경험하는 정서를 설명하였다. 이외에 비교대상을 선택하거나 비교 후 경험하는 정서를 개인차 변인으로 설명하려는 시도(Gibbons, Lane, Gerrard, Reis-Bergan, Lautrup, Pexa, & Blanton, 2002; Wheeler, 2000)도 있었다. 그러나 특정한 사회비교의 대상을 선정하고 사회비교과정을 거친다고 하더라도 여러 조절변인들이 작용하기 때문에 특정한 동기가 충족되는 수준은 일정하지 않다. 뿐만 아니라 유사, 하향 및 상향비교를 통해서 특정한 동기를 충족시키기도 하지만 아울러 특정한 동기의 충족을 저해하거나 좌절을 수반으로 경험을 초래할 수 있다.

　이러한 이유 때문에 사회비교의 조절이론이 관심을 받게 되면서 인간의 동기가 의지에 근거를 둔 의도 과정에 따라서 영향을 받는다는 Locke(1968)와 Locke, Latham(1990)의 목표설정이론이 널리 지지되었다. Locke(1968)에 의하면 목표설정은 행동의 방향, 강도, 지속에 영향을 미치는 동기적 기능과 인지적 전략의 모색에 기여하는 인지적 기능을 지닌다. 비록 Locke(1968)의 목표설정이론에서는 이론적으로 수행 수준을 높이기 위하여 양적으로 높고 구체적 목표를 설정하는 경우에 한정하고 있으나, 인간의 동기는 의도적으로도 영향을 받기 때문에 질적으로 다양한 목표의 설정에 따라서 행동의 방향, 강도, 지속이 달리 나타나고 인지적 전술의 모색이 이루어질 수 있다.

　한덕웅, 엄광은(2002)은 사람들이 자신보다 나은 사람, 자신과 비슷한 사람, 자신보다 못한 사람과 비교하거나 비교대상을 변경하는 과정을 자기조정과정이론으로 설명하였으며, 정서와 신체질병의 연관성이 높기 때문에 사회비교에 따라서 경험하는 정서가 건강심리에서 중요하다는 연구도 이루어지고 있다(한덕웅, 장은영, 2001).

요약하면, 사회비교는 자신과 타인을 비교함으로써 자아 형성에 영향력을 행사하는 것으로서, 자아와 관련된 목적이나 동기를 만족시키기 위한 다양한 전략 중의 하나라고 정의할 수 있다. 사회비교이론에서 설명한 사회비교과정을 요약하면 <그림 2>와 같다.

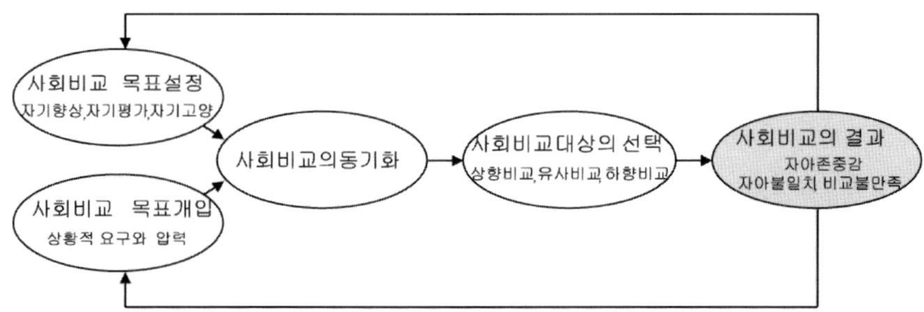

* 출처: 장은영 (2004). 사회비교동기와 충족수준이 비교대상의 선택과 정서에 미치는 영향, 성균관대학교 대학원 박사학위논문, p.2의 내용을 연구자가 재정리함.

<그림 2> 사회비교과정

2) 사회비교의 결과변인

본 연구는 사람들이 외모관리나 패션상품을 구매하고자 할 때 사회비교가 영향변인으로 작용하는지를 확인하기 위한 것이므로, 사회비교이론에서 나타난 동기나 과정보다는 결과변인에 중점을 두었다. 특히 자기보다 못한 사람과의 비교보다는 자기보다 나은 사람이나 비슷한 사람과의 비교를 통하여 외모관리를 향상시킨다고 보고, 상향비교나 유사비교를 통해 경험하는 자아불일치, 비교불만족과 같은 부정적인 정서와 이를 극복하기 위한 노력으로 자아존중감이 나타난다고 보았다. 따라서 사회비교이론의 결과변인들에 대한 고찰이 필요하다.

상향, 유사, 하향비교에 대한 기존 연구들을 살펴보면, 일반적으로 상향비교는 기분이나 정서에 부정적 영향을 미치고 있다. 즉 상향비교 이후에는 하향비교와는 달리 기분이 나빠지고(Aspinwell & Taylor, 1993; Tesser, Miller & Moore, 1988), 비교대상에 대한 적대감(Testa & Major, 1990)이 증가되며, 자신에 대한 평가가 낮아진다(Morse & Gergen, 1970). 또한 하향비교에 비하여 주관적 안녕감이 저하되고(Wheeler & Miyake, 1992), 상향비교결과가 실망감을 안겨 줌으로써 개인의 무능감을 일으킬 수 있다(Taylor, Wayment & Carrillo, 1988).

그러나 상향비교가 가져오는 정서나 기분은 그 비교가 이루어진 상황에 따라서 달라진다. 예로 Tesser, Miller와 Moore(1988)의 연구에서 비교대상과의 친밀감 수준에 따라 동일한 상향비교 이후에도 정서가 다르게 나타났는데, 이들은 친한 친구 2명으로 이루어진 두 집단을 대상으로 친구가 자신보다 잘한 경우와 낯선 타인이 잘한 경우를 살펴보았다. 그 결과 개개인 모두가 낯선 사람보다는 친구가 자신보다 잘했을 때 더 기분이 좋게 나타나 낯선 타인이 자신보다 잘한 경우에는 주관적 안녕감에 해를 입어 부정적 정서가 나타났다.

상향비교를 하는 사람들은 자신이 남보다 못하다는 점에 초점을 두어 부정적 정서를 경험하지만, 자신이 더욱 나아질 수 있다는 정보적 측면에서는 긍정적 정서를 경험할 수도 있다. Bunnk, Collins, Taylor, Vanyprten과 Dakof(1990)는 일반적 상황에서는 상향비교가 부정적 정서 반응을 일으키나, 스트레스를 유발하는 상황, 특히 자신에게 있어 위협적인 상황에 직면할 경우 사람들은 상향비교 조건에서 오히려 고무적이 되고 용기를 북돋게 된다고 하였다. 마찬가지로 하향비교에서도 자신이 남보다 우월하다는 것에 초점을 두면 긍정적 정서를 경험하지만, 자신도 앞으로 더욱 나빠질 수 있다는 점에 초점을 두면 부정적 정서를 경험할 수 있다.

 어떤 비교를 하든지 간에 사회비교이론에 따르면 사람들은 자아불일치와 비교불만족 그리고 자아존중감을 느끼게 되는데, 이러한 정서들을 논하기 전에 사회비교이론 자체가 자아상의 연구라는 점에서 자기개념의 고찰이 선행되어야 한다. 자기개념(self-concept)은 Rosenberg(1979)의 정의에 따르면, '한 대상으로서의 자기 자신에 대한 개인의 생각과 느낌의 총체'라고 할 수 있다. 여기서 자기(self)의 개념은 사회, 임상 및 성격 심리학 분야에서 오랫동안 연구되어 온 중요한 주제로서, 개인의 성격이나 정신병리, 심리적 불편감 등을 이해하는 데서 그 중요성이 강조되어 왔다. 또한 자기 개념은 개인적 가치, 사회적 목표 및 학문적 목표를 달성하는 데 있어서도 중요한 역할을 한다.

 많은 연구자들은 광범위한 자기개념 중에서도 자기개념들 간의 불일치가 정서적 불편감을 야기한다는 점에서 주목해 왔다. 예를 들어, Lerner, James와 John(1976)은 자기개념을 일컬어 개인 자신의 것이라고 부를 수 있는 모든 것이라고 정의하면서 물적 자기(material self), 사회적 자기(social self), 영적 자기(spiritual self) 그리고 순수 자아(pure ego)로 구성된다고 보았다. 이러한 자기개념들을 바탕으로 사람들이 자기를 평가할 때 실제 자기와 영적 자기 또는 사회적 자기가 일치하지 않으면 죄책감, 열등감 혹은 수치심 등을 느끼게 된다고 하였다. Cooley(1902)는 사람들이 현재의 자기와 이상적 자기가 불일치할 때 수치심을 경험한다고 하였으며, Rogers(1954)는 자기개념을 자신의 신체적·정신적 능력에 대한 일련의 태도와 자기 자신에 대한 주관적 가치개념이라는 두 가지 측면으로 규정지으면서 이상적 자기개념과 실제적 자기개념 간의 차이를 부적응의 지표로 보았다. 이러한 자기 개념들 간의 불일치에 대한 여러 이론들은 자기와 정서를 관련짓는 연구들(Adler, 1964; Allport, 1955; Freud, 1923; Horney, 1939; Lecky, 1961; Mead, 1934)에 의해서도 지지된다.

 이와 같은 자기개념에 관한 연구는 개인의 성격, 정신 건강 등에 대해 많은 공헌을 하였으나, 대부분의 연구들이 자기에 대해 여러 측면으로 다르게 보고 있기 때문에 자기 개념의 불일치에 대한 일반적인 큰 틀을 제공하는 데에는 제한점이 있다. 이에 Higgins(1987, 1989b)는 자기불일치이론(self-discrepancy theory)을 주장하면서 기존의 자기개념들에 관한 연구의 제한점을 보완하고, 자기불일치 유형에 따라 다른 종류의 정서적 불편감을 야기한다는 점을 고려하여 기존 이론들을 확장하고 체계화시켜 통합된 모델을 제시하였다.

자기불일치이론에서는 여러 가지 종류의 자기개념들의 기저에 있는 두 가지 인지적인 차원들, 즉 자기의 영역(domains of the self)과 자기에 관한 관점(standpoints on the self)이 거론되고 있다. 우선, 자기의 영역에는 한 개인이 실제로 가지고 있다고 생각하는 속성의 표상인 실제적 자기(actual self), 개인이 이상적으로 소유하기를 바라는 희망, 소원, 포부 등의 표상인 이상적 자기(ideal self) 그리고 개인이 꼭 소유해야만 한다고 믿는 의무, 책임, 도덕적 기준 등과 같은 속성의 표상인 의무적 자기(ought self)가 포함된다. 한편, 자기에 관한 관점으로는 자기가 자신을 보는(own) 관점과 타인이 자신을 어떻게 보는가(other)의 관점이 있다. 그리하여 자기의 영역들과 자기에 대한 관점을 조합하면 실제 / 자기, 실제 / 타인, 이상 / 자신, 이상 / 타인, 당위 / 자신, 당위 / 타인의 6가지 자기 표상(self-state representation)이 가능하다. 특히 실제 / 자기와 실제 / 타인은 전형적으로 개인의 자기개념(self-cencept)을 이루며 나머지 4가지 표상은 지금의 자기는 아니지만, 앞으로 나가야 할 방향에 대해 지시해 줄 수 있는 자기 지시적인 기준(self-directive standard)이 된다. 사람들은 자기개념과 자기 지시적인 기준의 일치를 이루고자 하는 동기를 가지며, 이들이 일치를 이루지 못하면 자기불일치의 결과를 낳아 정서적 불편감을 갖게 된다.

Higgins(1987, 1989b)는 이때의 불편감이 자기불일치의 종류별로 다르게 나타난다고 주장하였다. 실제적 자기와 이상적 자기불일치 즉 실제 / 자신 대 이상 / 자신 혹은 실제 / 자신 대 이상 / 타인의 불일치는 자신이 가지고 있는 실제속성과 자신 또는 타인이 바라는 이상적 속성이 일치하지 않아서 생긴다. 이러한 불일치는 긍정적인 성과의 부재, 즉 칭찬이나 애정표현 등이 없었던 일반적 부정적 심리상황과 관련이 있기 때문에 낙담과 관련된 상처(dejection-related emotion)인 실망, 불만족, 슬픔, 의기소침, 부끄러움, 당황감과 같은 정서에 취약하다. 반면 실제적 자기와 의무적 자기불일치, 즉 실제/자신 대 당위/자신 혹은 실제/자신 대 당위/타인의 불일치는 각 개인 또는 유의미한 타인이 부여한 의무속성이 실제 자기 속성과 일치하지 않아서 생긴다. 이러한 불일치는 부정적 성과의 존재와 관련되며, 이미 정해진 의무를 이행하지 않으면 제재가 따르기 때문에 부정적 결과가 예상이 되어 초조함(불안)과 관련된 정서(agitation-related emotion)인 두려움, 안절부절, 긴장, 죄의식 등의 정서에 취약하다.

이와 같은 자기불일치이론을 검증하기 위해서 다수의 연구가 수행되어 왔다. Higgins, Strauman과 Klein(1986)의 개인이 경험한 정서 변화 유형과 자기불일치의 유형과의 연구, 우울과 불안에 대한 Scott, O'Hara(1993)의 연구, 섭식장애에 대한 Strauman(1996)의 연구 등 자기불일치의 종류에 따라 다른 정서적 취약성이 있음을 밝히는 다수의 연구가 있다. Strauman(1996)은 자기불일치의 안정성에 대한 증거를 확인했고, Bizman 등(2001)의 이스라엘 민족을 대상으로 한 연구에서는 개인의 자기불일치뿐만 아니라 집단 전체를 대상으로 한 자기불일치이론도 성립 가능하다는 것을 확인하였다.

국내에서도 신경증 환자들의 정신병리에서 자기불일치와 밀접한 관계를 갖고 있다는 연구(조용래 외, 1996), 자기불일치가 높을수록, 우울과 불안 및 여러 가지 심리적 증상들과 같은 심리적 불편감이 높다는 연구(임일모 외, 1995), 자기불일치와 우울, 불안의 공존현상(이은영, 1991), 자기불일치 수준이 높을수록 우울 정도가 심하다는 연구(최정원, 1996), 대인불안과 자기불일치와의 관계 연구(김남재, 2001) 등에서 자기불일치이론에 대한 경험적 검증과 관련 연구들이 자기불일치이론 모델의 타당성을 입증하였다.

우리는 사회 속에서 생활하면서 타인들과 서로를 비교하게 되고, 경쟁으로 위협을 느끼기도 하며, 때로는 타협을 통해 안녕감을 느끼기도 한다. 이러한 심리적 정서들이 사회생활에서 나타나 개인의 외모관리나 소비행동에 차이를 유발시킬 수 있다. 따라서 비교결과에 따른 불만족이나 자아불일치 등의 부정적 정서는 외모관리와 상품 구매에 영향을 미칠 것으로 고려되며, 이러한 부정적 정서를 극복하고자 하는 노력은 일종의 스트레스 대처 차원에서도 이해될 수 있다.

본 연구는 이상적인 모델(상향비교)이나 자신이 속해 있는 주변인들(유사비교)과의 비교를 통해 경험하게 부정적인 정서 자아불일치와 비교불만족과 같은 감정을 유발하고, 궁극적으로 자아존중감을 높이려고 노력하는 데에서 소비자들의 외모관리와 패션상품 구매의도가 달라진다고 보았다.

이상에서 설명한 사회비교이론 관련 연구 중 대표적인 연구를 요약하면 <표 1>과 같다.

〈표 1〉 사회비교이론의 선행연구

구 분		내 용	
Festinger (1954)	유사비교설	− 사람들은 자신의 의견과 능력을 평가하는 과정에서 자신과 비슷한 타인을 평가기준으로 선택함	− 개인의 비교동기에 따라 대상의 선택에 관심을 둠
Wheeler (1966)	상향비교설	− 사람들은 비교대상 선택 시 자신보다 능력이 높은 사람을 선택함	
Wills(1981)	하향비교설	− 사람들은 불행한 타인과의 비교를 통하여 자신의 행복을 증진하고자 함	
Geothal(1986) Wood(1989)	자동적으로 타자와의 비교 강조	− 사람들 스스로가 원하던 원치 않던 간에 타자와의 비교가 자동적으로 일어날 수 있다고 주장함	− 사회비교과정을 개인의 동기와 더불어 사회적 환경 하에서 부과되는 상황을 고려함
Higgins (1987)	자아불일치론	− 비교대상의 선택에 따라 사회비교결과 시 경험하는 감정은 차이가 있음	
Locke. Latham (1990)	목표설정이론	− 인간의 동기가 의지에 근거를 둔 의도 과정에 따라서 영향	

구 분		내　　　용	
Tesser(1991)	자기평가 유지모델	– 자기를 평가하거나 고양시키려는 기본 동기를 지니고 있다는 가정 하에 비교과정을 비교 전, 후 경험하는 정서를 설명	– 사회비교과정을 개인의 동기와 더불어 사회적 환경 하에서 부과되는 상황을 고려함
Taylor et al.(1993)	자기고양동기	– 사회비교를 하려는 개인이 어떤 동기를 가지고 있는가에 따라 비교기준의 선택이 달라짐	
한덕웅, 엄광은 (2002)	자기조정 과정이론	– 자신보다 나은 사람, 비슷한 사람, 못한 사람과 비교하거나 비교대상을 변경하는 과정을 설명	

3) 사회비교의 조절변인

　사회비교에 관한 많은 연구들은 사회비교의 동기적 차원이나 결과에 관한 것들을 주로 다루어 왔다. 그러나 유사한 상황에서 유사한 사회비교를 하는 경우일지라도 비교의 결과는 개인에 따라 다르게 나타난다. 예를 들어, 자신의 이상적인 모델에 가까운 광고 모델을 보면서 상향비교를 하는 동일 상황에서 어떤 사람은 열등감을 느껴 자신감을 잃는 반면, 긍정적인 자아개선의 계기로 삼는 사람들도 있다. 그러면, '개인의 어떤 차이점이 사회비교결과에 영향을 미치는가?'라는 의문이 제기되며, 여기서 사회비교의 조절변인이라는 개념이 등장하였다.

　대부분의 사람들은 유사한 심리적 혹은 행동적 동기를 가지고 자아고취나 자아개선을 추구하고자 노력하지만, 개인적 성향의 차이로 인하여 개인에 따라 결과는 다르게 나타난다. 즉 개인들의 심리적, 행동적 동기는 개인이 가진 여러 가지 특성에 영향을 받아 조절(modify)되어 다양한 결과를 야기하는 것이다. Banaji와 Prentice(1994)는 이러한 조절변인의 중요성을 강조하면서 조절변인을 <표 2>와 같이 3가지 유형으로 분류하였다. 여기에는 성별, 연령, 외모만족, 인종과 같은 사회적 범주, 자존심, 자기

감시성과 같은 개인적 범주 그리고 문화적 범주가 포함되는데 본 연구는 사회적 범주 중에서 성별에 따라 차이가 있을 것으로 생각되었다.

〈표 2〉 사회비교의 조절변인

구 분	내 용
사회적 범주	성별, 연령, 외모만족, 인종 등
개인적 범주	자존심, 자기 감시성 등
문화적 범주	각 사회 및 지역의 문화적 환경 등

* 출처: Banaji, M. R, Prentice, D. A. (1994). The Self in Social Contexts, Annual Review of Psychology, 45의 내용을 연구자가 재정리함.

성별을 조절변인으로 하는 연구에서는 여성이 남성보다 자신을 과소평가하는 경향이 있고(Beyer, 1990), 감정적인 면에 더 비중을 두며(Fujita, Diener & Sandvik, 1991), 더욱 자기중심적인 성향이 있는 것으로 나타나고 있다(Ingram, Cruet & Wisnicki, 1988). 여성은 타인과의 관계에서 자신의 경험에 근거한 일차적인 친분관계를 중시하는 반면 남성은 독립체로서의 자아 경험을 중시하며, 여성은 인간관계 지향적이어서 인간관계에 관심이 많고 사회적인 조화를 유지하려는 성향이 있다(Eagly, 1979). 이러한 성별에 의한 차이는 사회비교과정에서만이 아니라 신체적 외모에 대한 관심이나 미디어 등 외적 정보원의 수용에서도 나타나고 있다.

1990년대 이후 신체는 자아 연구에서 중요한 요인으로 인식되기 시작하였다. Cash(1990)가 지적하였듯이 신체적 요소는 자아인식(self-perception)에 영향을 미쳐 자신의 외모가 아름답다고 여기는 사람들과 그렇지 않은 사람들 간에는 자신감에서 큰 차이를 보였다. 여성이 남성보다 체중이나 음식섭취, 다이어트, 신체적 외모에 더욱 관심이 있으나, 남성에 비하여 외모에 대한 자존감은 낮은 것으로 밝혀졌고(Pliner, Chaiken & Flett, 1990), 실제자아와 이상적인 자아와의 불일치를 느끼는 여성일수록 신체 사이즈와 자신의 외모에 대하여 불만족하는 것으로 나타났다(Higgins, 1987).

한편으로, 사회비교의 과정은 연령에 따라 다를 것으로 예측되고 있다. 매스 미디어나 광고 등에 노출빈도가 높은 10대, 20대는 40, 50대에 비하여 이상적인 모델을 더욱 많이 더욱 자주 가지며, 이러한 이상적인 모델의 존재로 인하여 사회비교를 더 많이 하는 경향을 보였다. 또한 정진애(2004)는 광고 모델의 대부분이 신체적으로 뛰어난 매력을 지니고 있고, 사람들은 신체적 측면에서 이상적인 자아와 광고 모델을 동일시하려 하며, 그 모델을 닮고 싶은 욕구를 갖게 됨으로써 자연스럽게 사회비교의 상황에 놓이게 된다고 하였다.

이와 같은 사회비교에 따라 야기된 심리적 정서들은 궁극적으로 외모관리에 영향을 미칠 수 있다. 즉 외모나 신체 비교의 결과 불만족이나 불일치, 우울, 스트레스 등과 같은 부정적인 감정이 나타날 경우 자신의 문제점을 개선하고 자아존중감을 높이기 위해 외모나 신체관리에 더욱 시간을 할애하려 할 것이다. 따라서 본 연구는 사회비교과정에서 나타난 결과변수들이 매스미디어나 외모에 대한 관심에 어떠한 영향을 미치고, 다시 외모관리나 패션상품 구매의도에 미치는 영향력을 알아보는 과정에서 성별을 조절변인으로 하여 이에 따른 차이를 밝히고자 한다.

지금까지 살펴본 사회비교 관련 연구를 비교영역별로 구분하여 요약하면 다음 <표 3>과 같다.

〈표 3〉 사회비교 영역의 고찰

비교영역	대표 연구자	비교목표	비교동기	비교결과
유사비교	Festinger(1954) Radloff(1966) Wood(1989)	자아상확립 주관안녕증진 행복증진	자기평가동기	긍정적 정서 부정적 정서
상향비교	Wheeler(1966) Atkinson et al.(1978) Wayment et al.(1994)	자존감 상승 자아상확립 행복 증진	자기향상동기	부정적 정서
하향비교	Wills(1981) Higgins(1987) Talyor 등(1989)	자존감 상승 주관안녕증진 행복 증진	자기고양동기	긍정적 정서 부정적 정서

2. 외모정보활용

미디어는 소비자에게 이상적인 신체 이미지를 끊임없이 제공한다. 신체적 매력이나 외모관리에 관한 내용을 끊임없이 제공하고, 이를 소비자에게 내면화시킴과 동시에, 지향해야 할 이상적인 삶이나 모습을 제시함으로 외모관리나 구매의도에 중요한 역할을 한다.

1) 미디어의 기능 및 특성

오늘날 우리는 급변하는 미디어 환경 속에서 살고 있다. 1920년대에 라디오가 도입되고 1950년대에 TV가 보급된 이후 새로운 미디어의 도입에 따라 근대 및 현대 문명의 형성과정에서 정치, 경제, 사회, 문화적 변화의 주도적 역할을 하며 미디어는 인간 생활 전반에 걸쳐 지대한 영향을 미쳐 왔다. 이후 뉴미디어라 불리는 다채널 케이블 TV, 위성방송 등이 등장했으며 인터넷이라는 쌍방향 커뮤니케이션 전자매체의 등장으로 미디어의 영향력은 더욱 증대되고 있다(정인식, 2004).

매스미디어(mass media)란 신문, 라디오, 텔레비전, 잡지, 영화 등 최고도의 기계기술 수단을 구사, 정보를 대량 생산하여 불특정 다수의 사람들에게 대량 전달하는 기구 및 전달 시스템을 말한다. 매스미디어의 주요한 활동은 외계(外界)를 감시하고 외계의 반응에 사회의 모든 부분을 협력시키며, 한 세대에서 차세대로 사회의 유산을 남기고 오락적 기능을 하는 것이다(Lasswell, 1948; Wright, 1966). Devito(1978)는 매스미디어의 기능을 ① 오락(entertain) ② 강화(reinforce) ③ 변화 혹은 설득(change or persuade) ④ 교육(educate) ⑤ 사회화(socialize) ⑥ 지위부여(confer status) ⑦ 활성화(activate) ⑧ 주의집중(focus attention)

⑨ 마취(narcotism) ⑩ 유대감 창조(create ties of union) ⑪ 윤리(ethicize)적 기능으로 구분하였고, 사회적 시각에 따라서는 매스미디어를 이용하여 자기주장을 펴는 주장자(advocate)시각, 매스미디어 자체의 시각, 수용자의 시각으로 나누어 볼 수 있다.

차배근(1997)은 수용자의 입장에서 <표 4>와 같이 매스미디어를 정보제공 기능(information), 개인의 정체성 정립기능(personal identity), 사회적 결합과 상호작용 기능(integration and social interaction), 오락적 기능(entertainment)으로 구분하였다. 다시 말해, 매스미디어는 주위 환경이나 사회, 세계에 대한 정보를 제공하고 호기심과 관심을 충족시키며, 개인의 가치관 강화나 자기 자신에 대한 통찰력의 습득, 타인과의 동일시 및 소속감의 습득, 기분전환, 여가시간의 활용 등과 같은 기능을 지닌다.

〈표 4〉 수용자의 시각에서 본 미디어의 기능

구 분	내 용
정보제공기능	주위환경, 사회, 세계에서의 事象과 條件들의 파악 실제 문제나 의견, 의사결정 등에 관한 지침습득 호기심과 일반적 관심의 충족, 학습 및 지식의 습득
개인의 정체성 정립기능	개인적 가치관의 강화, 자기 자신에 대한 통찰성의 습득 가치 있는 타인들 간의 동일시, 행동 모형의 발견
사회적 결합과 상호작용기능	사회적 감정이입을 통한 타인에 대한 통찰력 습득 소속감의 습득 및 대화, 사회적 상호작용의 발견 가족, 친구, 사회와의 접촉을 실현
오락적 기능	문제로부터의 도피 및 기분전환, 긴장해소 문화적 혹은 심미적 쾌락의 습득 여가시간의 활용 및 감정의 완화

* 출처: 차배근 (1997). 매스커뮤니케이션 효과이론, 나남출판, p.36.

매스미디어는 매체로부터 수용자에게 단순히 전달되는 것이 아니라 사람들이 그 매체를 사용하는 기능과 충족에 따라 매체를 경험함으로써 효과가 발생한다. Halloran(1965)은 매스미디어의 효과를 접촉유형, 행동효과, 반응 그리고 가치관, 지식, 사회적 행동에 대한 효과 등의 네 가지 차원에서 분석하였고, Harris(1959)는 행동, 태도, 인지, 생리적 차원에서 매스미디어의 효과를 설명하였다. 즉 어떤 사람이 TV 등장인물의 행동을 보고 이를 따라할 경우 미디어는 행동적 효과를 지니고, 매체로부터 얻은 지식과 경험이 태도를 형성시키므로 태도적 효과를 지닌다. 뿐만 아니라 미디어를 통해 새로운 지식과 정보를 습득함으로써 인지에 변화를 줄 수 있고, 공포영화나 격렬한 스포츠게임의 시청으로 호흡곤란, 흥분 등의 생리적 변화를 가져온다.

이러한 매스미디어의 특성은 첫째, 매스미디어를 통해 전달되는 정보가 직업적으로 전문성을 지닌 전달자들에 의해 작성된 것이고, 둘째, 시간과 공간의 장벽을 극복하여 정보를 전달하며, 셋째, 매스미디어의 수용자가 다양한 계층의 불특정 다수, 즉 대중(mass)을 의미한다는 것이다. 여기서 대중의 개념은 매스미디어의 영향력이 증가되는 상황에서 정립된 개념이므로 논란의 여지가 있지만, 서로 연관되지 않은 현대 사회의 다양한 사람들에게 총괄적으로 영향을 끼친다는 데 의미가 있다.

일반적으로 미디어에는 TV, 라디오 등의 전파매체, 신문, 잡지 등의 인쇄매체가 포함되며, 최근 들어 케이블TV, 인터넷 등 그 영역이 확대되고 있다. 이 중 직장인들에게 보다 큰 영향을 미치는 매체가 TV, 잡지, 인터넷 등일 것으로 판단되어, 이들 매체의 특성을 간단하게 살펴보고자 한다.

(1) TV의 매체적 특성

캐나다 학자 Marshall Mcluhan은 TV의 특성을 일컬어 'TV는 차가운 매체(cool medium)이며, 우리 몸의 중심 감각기관을 전자적으로 확대시키는 것이다.'라고 하였다(김민지, 2000). 이는 시각과 청각의 범위 안

에 있는 자극만을 보고 들을 수 있는 인간의 기능을 TV와 같은 전자
적 힘을 이용하여 확장시켰다는 말과 동일한 의미를 지닌다. 그러므로
TV는 다른 매체에 비해 극단적, 편파적이지 않은 중립성과 지역, 계층,
연령, 종교 등과 상관없이 보고 즐길 수 있는 보편성, TV 출연자나 연
출자가 나에게 이야기를 하고 있는 착각을 갖게 하는 친근성과 현실성
그리고 TV방송에 일단 출연하면 모두에게 알려지는 등 강력한 힘을
가져 대중들에게 상당한 매력을 끌게 하는 매력성, TV만 켜 놓으면 반
사적으로 보고 듣는 행위가 일어나는 수동성을 요구한다.

TV는 수용이 용이하고 일상화되어 있어 시청자들은 TV방송에서 제
시되는 등장인물의 행동이나 성격특성 등과 동일시하거나 이를 준거
모형으로 삼아 관찰 모방함으로써 많은 영향을 받을 수 있다. 특히
Schramm, Lyle와 Parker(1961)가 지적하였듯이 TV는 즐거움을 주고 옷
차림, 행동하는 방법 등의 정보를 제공하여 이를 모방하고자 하는 심
리를 자극하므로 시청자들은 자신이 준거 모델로 삼은 스타가 착용한
의복이나 액세서리, 가방 등과 동일 혹은 유사한 상품에 많은 관심을
나타낸다. 우리나라의 경우 1980년대 컬러 TV의 등장 이후 드라마 주
인공이나 가수 등 연예인들의 복장, 화장 등은 시청자들의 외모관리행
동에 많은 영향을 미쳤으며, TV로 인하여 사람들의 외모에 대한 관심
은 더욱 증가하였다.

신문, 잡지 등과 같은 전통적인 인쇄 매체보다 훨씬 강력한 전파력
과 영향력을 가진 TV는 정보량이 많고 내용이 다양하며, 전달범위가
넓을 뿐 아니라 그 속도와 파급력이 빠르고 강하다. 그래서 TV는 커뮤
니케이션의 형태를 크게 변화시키면서 현대인의 생활에서 없어서는 안
될 요소가 되고 있다. 정승재(1998)는 TV의 정보가 시청자에게 무조건
적으로 전달되는 것이 아니라 수용자의 사회, 심리, 문화적 특성과 프
로그램의 성격에 따라 그 영향 정도가 다르게 나타난다고 보고, 프로
그램에 따른 수용상의 특성을 고려하여 방송이 수용자에게 미치는 영
향의 유형을 <표 5>와 같이 구분하였다.

〈표 5〉 방송이 수용자에게 미치는 영향의 유형

구 분	방송의 내용	영향력 요인	심리 과정	행동의 종류	행동의 특성
만화, 코미디	표정, 몸짓, 말씨	자극성	조건화	무의식적	즉흥적
쇼, 드라마, 영화	음악, 의복, 헤어스타일	매력	동일시	표출적	감성적
뉴스, 특집, 시사물	정보, 해석, 판단	신뢰도	내면화	합리적	이성적

* 출처: 정승재 (1998). 청소년문화의 건전화를 위한 방송의 역할 제고. 방송연구, 47, p.312.

(2) 잡지의 매체적 특성

잡지는 보편화된 매체 중의 하나로서, 신문이나 TV 등 다른 매체와 비교하여 적시성과 항구성, 신속성 및 심층성을 지니고 있다. 잡지의 기능은 ① 보도기능 ② 지도기능 ③ 오락기능 ④ 광고기능으로 나누어지며(고정기, 1993), 잡지의 독자층이 매우 다양하여 10대에서 60대까지 잡지의 성격에 맞춰 각각의 독자를 가지고 있다. 발행주기를 기준으로 하여 잡지는 주간지, 월간지, 격월간지, 계간지, 반연간지, 연간지 등으로 구분되고, 내용을 기준으로 하면 경제시사지, 주부잡지, 패션잡지, 육아잡지, 틴 에이지 잡지, 연극·영화잡지, 스포츠·레저잡지, 종교잡지, 자동차잡지, 어학잡지, 컴퓨터 및 게임잡지 등이 있다(김선남, 2000). 이 중 패션잡지는 패션정보의 전달과 다양한 유행변화를 시각적 요소 위주로 제시하면서 정기적으로 발간되는 성격을 지닌다.

패션잡지는 타 미디어와 달리 화보를 통한 직접적 정보 커뮤니케이션으로서의 기능을 수행하며, 그로 인해 독자는 문자 정보에서는 얻지 못하는 시각적인 정보를 얻을 수 있다. 패션잡지의 화보가 가진 특성은 첫째, 직접적인 커뮤니케이션으로서의 기능, 둘째, 간접적인 교육의 기능, 셋째, 정보전달의 지적 커뮤니케이션의 기능 혹은 간접적 PR 효과, 넷째, 시각적인 흥미제공에 따른 오락기능, 다섯째, 동적 대상의 모델이 연출하는 대리적 기능을 가지는 데 있다. 따라서 패션잡지의 모델이 착용하고 있는 의복이나 액세서리, 화장, 헤어스타일 등은 시각적으로 많은 정보를 제공하며, 이러한 시각 정보의 영향으로 독자의 외모관리나 구매행동에 변화를 일으킬 수 있다.

또한 디지털 미디어의 등장과 함께 인쇄매체였던 잡지가 인터넷상의 전자잡지로 발간되고 있어 다른 매체와의 혼합현상을 나타내고 있으며, 전자잡지는 외모관리나 패션상품에 대한 정보를 실시간으로 제공하고 있어 과거보다 더욱 독자와 밀접한 관계를 유지하고 있다(<그림 3>).

<그림 3> 패션잡지와 전자잡지

(3) 인터넷의 매체적 특성

미디어의 영역에서 인터넷은 매체의 발달과정에서 예측되었던 것이 아니라 갑작스럽게 나타난 것이다. 인터넷은 상용화된 지 불과 2년 만에 단편적인 정보의 전달과 수집에만 이용되던 초창기의 좁은 이용범위를 벗어나 업무용뿐 아니라 개인의 중요한 커뮤니케이션의 수단으로 이용되고 정치, 경제, 문화 등 사회 전반에 걸쳐 변화의 주요 동인으로 등장하였다. 이제 인터넷은 단순히 자료검색의 효율성을 높이고 시간과 공간을 극복하여 정보를 전달할 수 있는 특성 이외에 훨씬 다양하고

복잡한 의미를 지니고 있다.

인터넷의 핵심적인 구성원리는 개방형 네트워크(OSI, Open System Internet)로서, 원하는 경우 누구나 접속할 수 있는 접속점을 제공한다. 또 다른 특성은 클라이언트 서버 시스템(Client / Server system)인데, 이는 인터넷 사용자가 어떤 정보를 요구하면 그 정보를 지니고 있는 서버에서 정보를 제공하는 것이다. 이와 같은 인터넷 환경에서의 커뮤니케이션은 시간과 공간을 초월하여 이루어지며, 인터넷은 커뮤니케이션 행위의 일방향성을 쌍방향성으로 바꿔 놓은 중요한 요인으로 작용하고 있다(김정기, 박동숙, 1999). 광고의 측면에서는 TV와 같은 전파매체가 일방향적으로 무조건 노출되는 광고를 전달한다면, 인터넷에서는 이용자들이 원하는 광고를 선택해서 볼 수 있다는 것이 인터넷의 장점이다.

2004년 KNP 보고서(한국광고단체연합회, 2004)에 의하면 여성에 비하여 남성이, 연령으로는 20대, 30대가, 직업으로는 전문 관리직과 사무직의 인터넷 이용시간이 상대적으로 많은 것으로 나타났다. 이들의 경우 인터넷을 통한 자료나 정보 검색, 포털의 뉴스 및 전자잡지에도 관심이 높아 인터넷이 미디어로서의 중요한 역할을 담당하였고, 인터넷을 통한 쇼핑도 급속한 성장을 보여 소비자들의 구매행동에 많은 변화를 초래하고 있다. 이와 함께 케이블TV의 본격적인 성장에 따라 다채널 시대가 열리면서 기존의 매스미디어와 정보통신기술과의 접목으로 인해 쌍방향 커뮤니케이션이 더욱 가능해졌고, 기존의 TV, 신문, 잡지 등과 같은 매스미디어가 컴퓨터 통신과 연결되어 새로운 차원에서의 매스미디어의 역할이 요구되고 있다.

2) 사회비교와 미디어외모정보 관련 선행연구

매스미디어의 영향은 긍정적인 것은 물론 부정적인 것에 이르기까지 다양하며 효과 면에서도 적지 않은 힘을 발휘한다. 특히 TV, 잡지 등에서 신체적 매력을 지닌 스타나 모델의 등장은 개인으로 하여금 그 대상보다 못하다는 불만족한 감정을 자극하여 그 대상과 닮고 싶어 하는 욕구를 유발함으로써 외모관리나 패션상품 구매에 많은 영향력을 미친다. 또한 인터넷의 발달은 개인에 대한 미디어의 영향력을 더욱 증대시켜 자신과 타인과의 비교대상의 영역을 확대하고 비교대상의 기준을 변화시키는 계기가 되고 있다. 따라서 사회비교과정에서 개인의 정서적 경험이 미디어에 대한 관심의 차이를 유발하거나, 역으로 미디어로 인하여 개인의 사회비교 영역 기준이 달라지기도 한다.

미디어와 관련된 사회비교 연구들은 광고의 측면에서 접근한 것이 대부분이다. 신체적 매력의 사회적 비교와 광고의 이상화된 이미지에 관해 연구한 Richins(1991)는 젊은 여성들이 좋아할 만한 이상화된 외모를 지닌 모델을 기용한 광고의 이미지가 비교를 일으키고, 비교의 결과로 자기의심이나 실망을 느끼게 하는지를 알아보았다. 그 결과 이상화된 이미지를 지닌 광고가 사회비교를 불러일으킨다는 것이 입증되어 소비자들은 이상적인 광고 모델을 봄으로써 자신의 신체적 매력과 비교하고, 일시적으로라도 자신의 신체적 매력에 대하여 불만족하며, 스스로 생각하는 신체적 매력의 기준이 높아지는 것으로 나타났다.

Martin, Kennedy(1993)는 나이가 많을수록 자신의 외모를 광고 모델과 비교하려는 성향을 지닌다고 하면서 자신의 신체적 매력에 대한 평가를 위하여 광고 모델과 비교하는 것은 자아인식, 자존심과 관계가 있다고 하였다. 특히 자아인식과 자존심이 낮은 여성일수록 광고 모델과 자신의 매력을 더 비교하려 하였고, 신체적으로 매력적인 광고 모델을 노출할 경우 개인의 신체적 매력의 기준이 일시적으로 상향되었다. 이들 연구에서는 미디어의 정보제공과 사회비교와의 영향관계를 밝히고 있으며, 사람들이 사회비교과정에서 미디어에 노출될 경우 노출된 미디어의 정보에 더 관심을 가져 자존감을 높이려 한다는 것을 알 수 있다.

Mayers와 Biocca(1992)는 이상적인 신체이미지에 대한 미디어의 과장된 메시지는 사람들이 자신의 신체 사이즈를 과장된 기준으로 평가하는 경향을 조장하여 결국은 식욕감퇴나 병적인 폭식 같은 현상을 부추긴다고 하였다. Baker와 Churchill(1977)은 광고 모델이 여성인 경우 모델의 매력 정도와 상품유형 그리고 소비자의 성별 사이에 상호작용 효과가 있다는 것을 밝혔다. 특히 남성들은 외모와 관련된 상품을 매력적인 모델이 광고를 할 때 높은 구매의도를 보여 모델의 매력 정도는 상품 구매와 관련이 있었다.

비교결과에서 나타난 불쾌한 감정에 대처하는 방법으로 이상적인 모델과 자신과의 차이를 좁히려는 노력을 들 수 있다. 예를 들어, 광고 모델이 장식했던 의복이나 액세서리 등을 소유할 경우 이상적인 이미지와 완벽하게 일치하지는 않더라도 이상화된 이미지에 조금은 다가갔다는 느낌을 가진다. 또한 광고가 제시하는 상품을 사용하면 광고 모델처럼 될 수 있다는 가능성을 제시함으로써 소비자들의 구매행동에도 영향을 미칠 수 있다. 따라서 미디어를 통한 광고나 정보는 사회비교과정에서 소비자들의 부정적인 정서를 긍정적으로 만드는 데 결정적인 역할을 하므로 사회비교 상황에서의 소비자들은 미디어에 더욱 관심을 가질 것이다.

3) 미디어외모정보와 외모관리 및 패션상품 구매의도

현대는 매스컴의 시대라고 해도 과언이 아닐 정도로 사람들은 매스미디어와 항상 접하며 살고 있고, 각 매스미디어를 통해 나오는 정보를 자의든 타의든 수용하고 있다. 거리의 패션이나 대중문화만 보아도 현재 인기 있는 드라마나 스타가 누구인지, 어느 영화가 인기인지를 알 수 있을 만큼 스타에 대한 모방심리를 짐작할 수 있으며, 스타의 이름이 붙은 의복이나 액세서리 등이 유행 상품으로 판매되는 것을 쉽게 접할 수 있다. 이는 성별이나 연령에 상관없이 나타나는 현상으로서, 스타에 대한 모방심리는 매스미디어가 발달하면서 더욱 심화된 것이다. 또한 시각적인 요소가 일상에서 중요해지기 시작하고, 각종 매체를 통한 정보 수용이 용이해지면서 매스미디어는 사람들의 외모관리나 소비행동에 큰 영향을 미치고 있다.

외형은 무엇이 좋고 나쁜지를 알려 주는 표지의 역할을 하기 때문에 인간은 생물학적으로도 외모를 중시할 수밖에 없다. 그러나 외모가 개인의 평가는 물론 사회적 역할에서도 중요해진 것은 TV, 잡지 등의 대중매체의 발달에 원인이 있다. 더욱이 인터넷이 일상화되면서 '얼짱', '몸짱' 등의 용어가 탄생할 정도로 외모 열풍이 더욱 만연해졌다. 이러한 대중매체에는 외모가 아주 뛰어난 연예인이나 일반인이 등장하고, 그로 인해 사람들은 그 어느 시대보다 까다로운 미의 기준을 가지게 되었으며, 미디어는 외모관리나 성형수술, 헬스 등을 조장함으로써 개인의 외모관리에 결정적인 영향을 미치고 있다.

미디어는 외모관리와 패션상품의 정보탐색과정에서 중요한 정보원으로 작용한다. Shim과 Drade(1988)는 직장인의 의복 구매 시 정보탐색 유형을 인쇄매체 정보탐색자, 시청각 정보탐색자, 시장집중 정보탐색자, 전문가 자문 탐색자, 동료 자문 탐색자로 구분하였다. 이 중 미디어와 관련된 요소는 인쇄매체 정보탐색자와 시청각 정보탐색자로서, 인쇄매체 정보탐색자는 스스로 의견선도자라고 생각하고 계획 쇼핑을 하는 경향이 있으며 직장복에 대한 정보를 위해 여러 종류의 잡지를 주로 읽는다. 그리고 시청각 정보탐색자는 비싼 의복은 사지 않고 사회적으로 지정된 기준을 사용하며 의복에 대한 정보를 얻기 위해 상점광고와 TV를 주로 시청하는 특성을 지닌다고 하였다.

소비자가 상품 구매에서 활용하는 정보원은 인적 정보원, 비인적 정보원으로 나누거나 상업적 정보원, 비상업적 정보원 혹은 마케터 주도적 정보원, 소비자 주도적 정보원, 중립적 정보원으로 구분한다(Cox, 1967). 여기서 인적, 비상업적, 소비자 주도적 정보원은 친구나 동료, 가족 등을 일컫고 비인적, 상업적, 마케터 주도적 정보원은 광고, 디스플레이, 촉진활동, 유통 등의 과정을 통하여 소비자에게 제공된다. 중립적 정보원은 신문, 잡지 등의 기사내용과 같이 마케터와 소비자의 영향을 받지 않는 정보원이다(<표 6>). 따라서 본 연구에서의 미디어는 광고 등과 같이 마케터의 촉진활동에 의한 정보원과 중립적 정보원을 포함한 개념이라고 할 수 있다.

<표 6> 정보원의 유형

구 분	내 용
인적, 비상업적, 소비자 주도적 정보원	친구, 동료, 가족 등
비인적, 상업적, 마케터 주도적 정보원	광고, 디스플레이, 촉진활동, 유통 등
중립적 정보원	신문, 잡지 등의 기사

* 출처: 나은영 (2002). 인간 커뮤니케이션과 미디어. 한나래, p.40.

진바지 구매 시 활용하는 정보원에 관한 연구에서 이주영, 이선재(1996)는 소비자들은 진바지를 구매할 때 중립적 정보원의 활용도가 비교적 높고, 연령이 낮을수록 마케터 주도적 정보원을 활용하며, 마케터 주도적 정보원으로 잡지 광고를 가장 많이 활용한다고 하였다. 김지현(2000)은 소비자의 의복추구혜택에 따라 집단을 분류하고 개성추구집단이 마케터 주도적 정보원과 중립적 정보원을 활용한다고 하였다. 남성 소비자의 가치나 패션의식이 의류쇼핑행동에 미치는 영향을 연구한 김주희(2006)는 광고 등과 같은 상업적 매체 정보원이 패션의식에 영향을 미치고, 이러한 경향은 다른 집단에 비해 20대의 유행 / 충동구매의식집단에서 더욱 높게 나타난다고 하였다. 이와 같이 미디어의 정보는 의복 소비자의 상품 구매에 영향을 미치고, 특히 젊은 연령층일수록 그 영향력이 크다고 할 수 있다.

텔레비전이나 잡지, 신문의 광고나 기사가 소비자에게 미치는 영향에 대한 연구를 살펴보면, 도은주(2001)는 잡지광고의 색채이미지가 소비자의 구매의도에 미치는 영향을 분석하면서 독특한 색채기법의 사용은 다른 광고들로부터 차별화를 가능하게 하여 광고의 인지도를 높이고 브랜드를 잘 기억하게 한다고 하였다. 패션잡지에서 뷰티기사의 영향력에 관하여 분석한 김유성(2002)은 패션잡지의 뷰티기사를 볼 때 독자들은 대부분 유행경향에 관심이 많지만 개인적 특성에 따라 차이가 있고, 색조제품의 경우 뷰티기사와 뷰티광고는 제품구매에 영향을 미친다고 하였다.

이와 같이 외모관리를 위한 소비자의 구매행동에 있어 미디어정보의 영향력이 높아지고 있으므로 본 연구는 미디어정보가 직장인의 외모관리와 패션상품 구매의도의 영향요인인지를 확인하고자 한다.

3. 외모관리

본 연구에서는 끊임없이 변화하는 사회적 미의 기준 속에서 자신의 신체와 외모에 대해서 지각하고 자신의 신체적 결점과 외모에 대한 콤플렉스에서 탈피하고자 하며, 이를 위해 미디어정보나 패션상품에 관심을 갖는 것을 외모관리라고 하였다.

1) 외모관리

Kaiser(1990)는 외모관리를 일컬어 '개인 각자가 다른 사람들과의 상호관계를 통해 자신의 역할을 연기하면서 자기표현(self-presentation)을 해나가는 과정'이라고 정의하였다. 다시 말하면 외모관리는 자기를 표현하기 위한 수단으로서 사회적 상황 내에서 개인의 신체적, 정신적 노력으로 이루어지고 다른 사람들에게 자신의 정체감을 보여 주는 과정이며, 이를 통해 사람들은 자신에 대한 만족감을 획득할 수 있는 것이다.

Solomon(1983)과 Kaiser(1989)는 사회심리학적인 관점에서 의복 착용 행동이 자기표현임과 동시에 자신의 인상관리를 위한 하나의 수단이라 하였고, Molloy(1975, 1977)는 그의 저서 "Dress for Success"에서 의상과 표정관리가 인상에 매우 중요한 역할을 한다고 하였다.

위의 정의에서 알 수 있듯이, 개인의 외모는 지각자에 의해 어떤 이미지화가 이루어지게 된다. 이미지(image)란 대상으로부터 지각된 모든 정보가 인간의 마음속에서 정보처리를 거쳐 재구성된 하나의 상(像)으로, 지각대상의 다양한 속성에 대한 평가자의 분류방식과 구성방식에 기초를 두고 있으며, 자기외모이미지는 신체와 관련한 여러 요소들에 대한 평가 결과를 반영하는 심상이라고 할 수 있다. 외모이미지는 흔히 비언어적 커뮤니케이션 또는 신체언어라고 불리며, 이러한 비언어적 메시지는 언어적인 메시지를 보존하는 수단일 뿐 아니라 그 자체로서도 의미를 전달하는 것으로 몸짓과 언어 같은 신호언어, 걷고 뛰고 먹는 것과 같은 행위언어, 옷, 장신구 등과 같은 사물언어로 분류된다(홍병숙, 정미경, 1993). 따라서 자신의 이미지에 대한 선입관을 가질 경우 그 기준에 가장 근접하게 다가가기 위해 외모를 변화시키고, 외모에 대한 매력을 위해 의복과 더불어 액세서리, 화장, 머리스타일 등에 의해 외모를 변화시키고 수정됨으로써 개인의 이미지를 표현하고 변화시킨다(이명희, 이은실, 1997). 또한 외모를 가꾸기 위한 개인의 의지는 옷이나 헤어스타일, 화장품에 신경을 쓰는 것에서부터 체중조절, 성형수술 등을 가능하게 하는 충분한 동기가 된다.

외모는 대인지각에 중요한 영향을 미치는 요소이며, 일반적으로 외모가 아름다울 경우 다른 특성까지도 좋게 지각된다(조선명, 2000). 뿐만 아니라 외모는 자기개념을 명확히 하는 결정적인 요인으로 자신의 성, 연령과 관련된 사회적 역할을 타인에게 투사함으로써 정체감 형성에 기여한다(Stone et al, 1965). 대부분의 사람들은 이상적인 외모이미지를 기준으로 자신을 평가하려는 경향이 있으며(신현영, 1999), 외적인 아름다움이나 매력적인 외모는 후광효과와 발산효과를 지녀 대인관계에 영향을 미친다(홍대식, 1986). 우리의 일상생활은 다른 사람들과 연관되어 있기 때문에 우리의 외모행동은 전혀 생각 없이 이루어지는 것이 아니다. 매일 아침 의복을 선택하고 화장하는 행동을 포함한 외모관리는 다른 사람들의 지각에 많은 영향을 미치고, 자신에 대한 시각적 이미지뿐 아니라 상황에 맞추어 외모상징의 의미를 전달함으로써 자신을 이해시키는 수단이라고 할 수 있다.

어떤 문화에서든 우선시되는 이상적인 외모는 사람들이 자신의 외모를 비교하기 위해서 사용하는 미적 기준에 의해 내면화되며, 사회적 비교에 의해 자신의 외모평가가 이루어진다. 사람들은 이상적인 모습과 비슷해지기 위하여 의복, 화장과 같은 외모행동을 하게 되고, 이런 행동의 결과는 다시 사회비교과정을 통해 평가되는 것처럼 서로 상관관계를 가지고 있다(Lennon, 1998). 그러므로 선택한 의복이나 화장 등은 외모를 결정짓는 요소로서 실제 외모향상의 수단이 되어 기대하는 외모를 창조하기 위한 노력의 표시라고 할 것이다. 특히 의복, 화장 등과 같은 행동은 의도적인 행동이며 개인의 외모를 만들기 위한 과정으로서 신체의 변형이나 부가물이라고 할 수 있다(신현영, 이인자, 2000).

직장인들에 대한 외모관리를 살펴보면, Drake와 Cox(1985)는 고용을 위한 면접 시 옷차림이 면접자의 인식에 영향을 준다고 하면서 약간 남성적인 라인으로 옷을 입으면 여성적이거나 극도의 남성적인 옷차림보다 좀 더 전문적인 직장인 같은 인상을 줄 수 있다고 하였다.

그러나 예술 감각을 요구하는 일자리의 면접에 보수적인 재킷이 덜 적합한 옷차림인 것과 마찬가지로 인상형성은 상황에 따라 다르게 나타난다. Solomon(1983)은 의복이란 상대방에게 의복 착용자의 이미지를 전달하는 메시지 수단이라고 주장하였고, 대부분의 사람들은 잘 아는 사람보다 새로운 사람을 만날 때 몸치장에 더 신경을 쓴다고 하였다. 이와 같이 면접이나 남·여 간 만남과 같은 상황에서 외모나 옷차림을 더욱 중시한다는 연구결과는 사회생활을 시작하려는 사람들의 패션상품 구매의도의 동기를 설명한다고 볼 수 있다.

특히 직장인에게 있어 외모는 매력적인 자기표현의 차원을 넘어 성공적인 사회생활을 위한 척도로 사용된다. 그 예로 2003년 11월에 기업을 대상으로 외모가 취업에 미치는 영향에 대하여 조사한 이경성의 연구를 들 수 있다. 이에 따르면 인사담당자 가운데 79.5%(939개사)가 외모가 채용에 영향을 미친다고 하였고, 기업의 인사담당자들은 외모가 사회생활의 경쟁력 있는 수단이며 매력적인 사람은 자신의 삶에도 충실할 것이라고 생각하고 있었다("과학으로 본 얼짱과 몸짱 열풍", 2004). 이를 후광효과로 설명할 수 있는데, 수많은 연구결과(예, Adams, 1982; Alley & Hildebrandt, 1998; Berscheid, 1981; Harifield & Sprecher, 1986)에서는 '아름답게 보이는 것이 좋은 것 혹은 선한 것'이라는 고정관념이 대인지각에서 후광효과로 작용하여 다른 특질까지도 긍정적으로 평가하게 만든다고 하였다(강혜원, 1984).

지금과 같이 외모를 중시하는 사회에서는 남보다 나은 외모나 스스로 만족할 수 있는 외모를 갖기 위한 노력이 더욱 중요해지고 있다. 경력직 채용포털 사이트인 커리어센터(careercenter.co.kr, 2005)에서 남성 경력 구직자들이 면접을 위하여 어느 정도 외모를 가꾸는지를 조사한 결과, 조사에 응한 927명 가운데 집에서 팩을 하면서 신경을 쓰겠다(20.3%), 피부과나 전문 피부 관리실에서 피부트러블을 해결하겠다(19.3%), 성형수술을 하겠다(19.2%)고 응답하여 60%에 가까운 남성 경력 구직자들이 전직 과정에서 아주 적극적으로 외모를 개선하고자 하는 의지를 밝힘으로써 사회생활에서 외모의 중요성을 단적으로 입증하였다.

외모관리와 관련해 요즘 화장품과 관련된 연구들이 많은데, Graham, Joubar(1981)는 화장품의 사용이 대인관계에서의 인상뿐만 아니라 자신의 이미지를 만들어 나가는 데 영향을 미친다고 하였다. 그들이 피험자들에게 화장을 하지 않은 사진과 전문인답게 화장을 한 사진을 보여준 결과, 피험자들이 화장을 한 외모가 더 매력적이고, 더 여성적이며,

더 섹시하다고 지각하고 있음을 발견하였다. Cox & Glick(1986)의 연구에서는 여성이 화장을 했을 경우와 화장을 지운 경우를 구분하여 외모의 매력 정도와 호감 정도를 평가하게 한 결과, 대체로 화장을 한 경우에 대해 더 긍정적인 반응을 보였다. 특히 화장과 같은 외모관리는 사회생활의 필수요소로서 직장여성에게는 일반화된 현상이며, 과거에 비해 직장 남성들의 외모관리도 화장, 마사지, 헤어스타일 및 패션 연출 등 다양하게 나타나고 있다. 체격, 얼굴모습, 옷, 화장품, 안경, 체취 등의 다양한 내용으로 구성된 사람의 외모는 대인관계에서 중요한 역할을 하며, 처음 만난 사람에 대한 인상형성이나 사회생활에서 특히 중요하다(김미옥, 1995). 이는 우리가 여태까지 지녀 왔던 통념적 인식의 겉치장만이 아니라 건강한 신체와 내면의 세계에 대한 유지에 이르기까지 광범위한 것이며(정경숙, 1999), 시각적인 이미지에 익숙한 20대, 30대의 직장인들에게는 미에 대한 사회적 기준에 어느 정도 근접할 수 있는 외모관리가 경쟁력의 필수요소가 되고 있다.

외모에 대한 관심이나 관리는 남성들보다 여성들이 더 적극적인 것으로 여겨졌으나, 요즘에는 남성들의 외모관리가 과거와는 많이 다른 양상을 보여 준다. 또한 신체적으로 매력적인 사람들은 우리가 알고 있는 거의 모든 덕을 소유하고(Harifield & Sprecher, 1986), 사회적으로 바람직한 성격특징들, 즉 재미있고, 강하고, 친절하고, 사교적이고, 따뜻한 성격에 지적이고 안정적인 성격을 가지고 있으며(Berscheid & Walster, 1974), 좀 더 능력 있는 배우자를 얻고, 직업적으로도 더 성공적인 삶을 이끌 것이라고 생각되고 있다(Berscheid et al., 1971).

직장인들의 외모관리는 다양한 측면에서 나타날 수 있으나, 본 연구는 외모관리를 체중조절이나 성형수술, 헬스 등의 몸매와 관련된 요소를 제외하고 외모 관련 상품을 사용하여 외적인 요소를 가꾸거나 변화시킬 수 있는 것으로 보았다. 따라서 외모관리의 개념을 유행하는 의복, 액세서리 등을 통한 스타일 관리와 피부 및 헤어스타일 관리, 화장 등의 개념으로 축소하여 사용하고자 한다.

2) 사회비교와 외모관리 관련 선행연구

　외모는 개인의 노력으로만 성취되지 않고 어느 정도는 선천적으로 타고나는 것이므로 외모만으로 사람을 평가하는 것은 불합리한 일이다. 그러나 현실적으로 신체적 매력의 효과는 대인관계는 물론 집단 내 사회적 서열 및 평가에도 영향을 미치고 있다. 때문에 외모로 인해서 자신감을 상실할 경우 타인 앞에서의 행동 역시 당당하지 못하고 사회적 성취도 낮아지며, 업무 수행에 있어서도 자신감을 잃게 만드는 원인이 된다.

　사회비교와 외모관심도와의 관계는 신체비교 측면에서 자주 거론되며, 자아존중감과 신체이미지 및 외모관심도와 관련된 연구가 주를 이루어 왔다. 자아존중감은 개인의 자기 가치와 자기 수용 정도를 포함한 자신에 대한 느낌으로서 자신의 가치와 능력에 대한 자기평가라 할 수 있다(박아청, 1998; Jones & Baumeister, 1976). 여기서 자기평가라는 것은 실제의 자기와 이상적인 자기와의 비교, 개인에 대한 타인의 평가, 성공 혹은 실패자로서 자기 자신을 평가하는 것을 의미한다. 또한 자아개념은 인지작용에 토대를 두고 있어 다른 사람이 우리에게 베푸는 존경심이 우리 자신의 자아존중에 영향을 주게 되므로 자아존중감은 신체집착 또는 의복에 대한 관심과도 관련된다(김순심, 1989).

　Rosenfeld, Plax(1977)는 남녀 대학생들의 의복에 대한 태도와 성격변인과의 관계 연구에서 의복의식이 더 많은 학생들이 맹종(권위, 전통)이나 의복불안으로 인한 성격특질을 더 많이 가지지만, 의복의식이 부족한 사람들은 더 독립적이거나 공격적인 것으로 나타나 의복은 개인의 자아존중감의 평가를 고양하는 데 중요한 사회적 기능을 제공한다고 하였다. 따라서 자아존중감이 높은 사람들은 자신의 매력에 긍정적인 태도를 갖게 되어(Mathes & Kahn, 1975) 화장품의 이용, 의복선택 등과 같은 방법을 통하여 보다 적극적으로 외모를 가꾸려는 등 외모에 관심이 높다고 할 것이다.

사람들은 자신의 부정적인 모습에서 벗어나 긍정적인 모습을 지향하려는 자기향상욕구를 가지고 있으며(한규석, 2004), 신체에 대한 부정적인 평가와 불만족으로 저하된 자기존중감을 외모를 향상시킴으로써 높이고자 한다(이수경, 고애란, 2006). 이런 관점에서 Labit, DeLong(1990)은 이상적 체형을 목표로 하는 젊은 연령층에서 이상적 체형을 이룰 수 없는 데서 오는 불만감으로 신체만족도가 낮다고 하였으며, Bloch, Richins(1992)는 사람들이 준거집단의 외모기준을 관찰하여 다이어트 등의 외모관리행동을 매력증진 수단으로 사용함으로써 자기존중감을 향상시켜 사회적 이점을 획득한다고 하였다.

Martin, Gentry(1997)는 사회비교이론을 통하여 이상화된 모델과의 비교가 사춘기 이전과 사춘기 여학생들의 지각에 미치는 효과와 신체적 매력에 대한 영향력을 연구하였다. 그 결과 비교동기가 자아평가인 경우 광고 모델과의 비교가 자존심과 자아인식을 저하시킨 반면, 자아개선과 자아향상일 경우는 오히려 자존심과 자아인식이 높아져 신체적 매력에 영향을 미친다는 것을 밝혔다. Cash(1988)는 외모에 관한 여러 연구들은 개인의 고정된 특성을 중심으로 연구되어져 왔음을 지적하고, 사람들은 각자 자신의 외모를 적극적으로 변화시키고자 노력한다는 사실을 간과해서는 안 된다고 언급하였다. 그러므로 화장을 한 여성은 화장을 하지 않은 여성보다 타인에게 호의적으로 평가되는 것처럼 화장을 하는 것은 사회적으로 자신감을 높이는 방법이 되며 자기이미지를 변화시켜 외모관리의 중요한 동기가 된다.

신체적 요소는 자아인식에 영향을 미쳐(Cash, 1994) 화장을 하고 안경을 쓰지 않은 사람들은 안경을 쓰거나 화장을 하지 않은 사람들보다 좀더 매력적이라는 평가를 받았다(Hamid, 1972). 여성이 남성보다 체중이나 음식섭취, 신체적 외모에 더욱 관심이 있으나, 남성에 비해 자신의 외모에 대한 자존감은 낮은 것으로 밝혀졌고(Pliner, Chaiken & Flett, 1990), 실제 자아와 이상적 자아 사이의 불일치를 느끼는 여대생은 신체 사이즈와 자신의 외모에 대하여 불만족하는 것으로 나타났다(Higgins, 1987).

외모는 객관적인 평가보다는 주관적인 평가에 의하여 인지되는 경우가 많고, 객관적인 평가기준이 없는 상황하에서 사람들은 타인과 자신을 비교함으로써 자신에 대한 평가 정도를 측정한다. 이러한 사회비교의 결과에서 나타난 부정적인 정서를 해결하고 긍정적인 정서를 고양시키기 위하여 신체적 매력도를 높이고자 외모에 더욱 관심을 가지며 의복 착용, 화장, 피부 관리 및 성형수술 등에 긍정적인 태도를 보인다.

3) 외모관리 및 패션상품 구매의도 선행연구

외모를 기준으로 타인을 평가하는 외모지상주의 시대에 들어서면서 의복, 화장, 헤어스타일 등의 외모 가꾸기나 성형수술, 피부 관리, 다이어트, 헬스 등 외모와 관련된 산업이 급성장을 보이고, 이로 말미암아 상대적인 열등감이 조장되고 있다. 제일기획의 여론조사에 따르면, 13세~43세 여성의 대부분이 외모가 인생의 성패에 영향을 미치고 외모 가꾸기는 생활의 필수요소라 여기고 있었으며, 외모 가꾸기에 하루 평균 53분, 거울은 하루 8.3회 보고 있었다. 이 중 25세~34세 여성들은 외모가 경쟁력이기 때문에 헬스, 다이어트, 성형수술 등에 적극적이었고, 35세~43세 여성들은 외모가 부와 사회적 지위를 평가하는 기준이라고 생각하고 있었다("루키즘", 2002). 또한 여고생과 여대생 중 마른 체형의 33%와 보통체형의 58%가 다이어트 경험을 가지고 있었으며(한국여성민우회, 2003), 외모에 대한 높은 관심이 성형수술을 통한 외모 변화에 긍정적인 생각을 가지도록 독려하고 있었다(전준선, 2006).

김양진(1996)의 연구에서는 자신이 다른 사람에게 영향을 미치는 존재로 인식하거나 타인의 관찰 대상이 되는 존재로 인식할수록, 외모나 인기가 좋아 남의 부러움을 사는 자신의 모습을 상상하는 성향이 강할수록 의복 착용을 통하여 자신의 외적 매력을 평가받고자 하는 성향이 높은 것으로 나타났다. 현실적인 자기외모이미지가 높을수록 의복을 더 중요하게 생각하고 유행에 관심이 많았으며, 외모와 몸매관리에 대한 관심이 높을수록 신체적 매력을 돋보이려고 노력하고 의복으로 사회적 인정을 받으려 하였다. 그리고 외모의 사회적 중요성을 인정하고 자신의 가치로 내면화할수록 의복을 통해 이상적인 신체모습과 긍정적인 기분 및 자기표현의 혜택을 추구하고 있었다.

이상적인 자기이미지와 의복과의 관련성을 연령별로 연구한 이은미(1986)는 20대와 40대, 50대의 경우 자신의 이상적인 외모를 얻기 위한 수단으로 의복을 중요하게 여기고, 젊은 층과 나이가 많은 층에서 이상적인 외모에 대한 기대가 클수록 눈에 띄는 의복을 입어 다른 사람에게 과시하고 싶은 욕구가 높으며 30대를 제외한 모든 연령층에서 이상적인 외모이미지가 높을수록 유행에 대한 관심이 더욱 크다고 주장하였다. 따라서 이상적인 자기외모이미지가 높을 경우 의복을 중요하게 생각하고 타인의 관심을 끌고자 하는 경향이 강하며 유행에 관심이 크다고 할 수 있다.

외모관리와 관련된 연구(변해심, 1996; 이화순, 1992; 함용헌, 1997)에서 30대~50대 여성들은 주름을 감소시키고 피부에 탄력을 주는 데 많은 관심을 보인 데 반하여, 20대의 젊은 여성들은 윤곽이 뚜렷하고 입체적인 얼굴형태가 이상적인 미인이라고 평가하고 있었다. 일반적으로 여성들은 잡티가 없고 흰 피부일 경우 외모에 만족하고, 화장품 구매가 많은 여성과 고가 화장품 사용자는 외모관심과 화장도가 높은 반면, 외모관심도와 외모만족도가 낮을수록 화장품의 사용도가 낮고 화장도도 낮았다(이현옥, 1998). 이와 같은 외모에 대한 관심은 남성보다 여성에게서 더 크게 나타나며, 외견상 가장 쉽게 인지되는 얼굴에 대한 관심으로 화장품 사용에도 지대한 영향을 미치고 있다.

이현옥, 박경애(2000)는 여성의 외모만족도를 얼굴 만족형, 피부 만족형, 외모 불만족형, 외모 만족형으로 분류하여 이들의 특성을 파악한 결과 외모관심과 외모 스트레스는 집단에 따라 차이가 있고, 외모관심이 높고 스트레스를 많이 받을수록 화장을 더 자주한다고 하였다. 대체로 경제적으로 여유가 있는 사람들이 그렇지 않은 사람들에 비하여 좀 더 자기 자신의 외모에 대하여 관심을 갖고 본인이 매력적이라고 생각하여 개성을 나타내 줄 수 있는 옷, 날씬하고 예쁘게 보일 수 있는 옷을 착용하며, 매력적인 몸매관리에 신경을 쓰는 사람은 자기 자신의 섹시함을 나타낼 수 있는 옷을 선호하였다(김광경 외, 2001).

최근 들어 '꽃 미남', '메트로 섹슈얼(metro-sexual)', '콘트라 섹슈얼(contra-sexual)' 등과 같이 남성의 여성화 경향이 높아지면서 남성의 외모에 대한 관심 증가는 물론 고급스러우면서도 어깨선이 둥글고 허리선이 잘록하게 처리된 여성적인 라인의 캐릭터 정장이 유행하고 있다. 또한 피부에 대한 관심이 급증하여 남성용 마사지나 팩 등이 출시되었고, 야외 활동이나 음주, 흡연 등으로 피부가 거칠어진 남성을 위한 선 크림이나 에센스 등도 판매량이 급증하고 있다. 과거 남성들 사이에서 의복이나 화장 등이 사회적 지위나 직업 내 성취의 중요한 수단으로 사용되어 왔다면, 지금의 남성들에게 외모관리는 자기표현의 하나로서 유행의 흐름에 맞춰 자신을 나타내고 자기의미를 찾는 것이다. 남자 대학생의 경우 유행선도력이 높을수록 인적, 비인적 정보원을 자주 활용하고 심미성을 중시하며, 유행 의복에 대하여 긍정적인 견해를 가졌고(김윤정, 1992), 사무직 남성들은 남성성이 강할수록 유행관심, 신분상징성, 개성에 높은 점수를 나타냈다(김재희, 정삼호, 1995).

주5일 근무를 하고 있는 직장인을 대상으로 한 최정원(2003)의 연구에서 패션 및 계획구매를 지향하는 직장인들이 비인적 정보원을 더 많이 이용한다고 나타났고, 금융업과 유통무역업종사자들이 패션상품에 대한 구매 후 만족도가 높은 경향을 보였다. 2004년 KNP 보고서에 의하면 인터넷을 통한 상품 구매에서 20대, 30대 직장인들의 패션상품 구매율이 다른 연령층보다 높고 재구매의도 또한 높은 것으로 나타나, 인터넷은 직장인들이 자주 활용하는 새로운 유통형태라 할 수 있다. 특히 주5일 근무제 실시 이후 직장인들의 패션상품 구매행동에 많은 변화가 나타나 딱딱한 정장차림보다는 캐주얼한 정장을 선호하고, 구매 정보원

의 활용에 있어서도 매장 디스플레이나 미디어의 영향력이 커졌다.

이상의 연구에서 살펴보았듯이(<표 7>), 외모관리는 사회적 비교가 중시되고 있는 현대 사회에서 개인의 심리적 정서에 반응하여 성별에 상관없이 나타나는 특질이라 할 수 있으며, 외모관심이 높을수록 외모관리를 많이 하고 패션상품의 구매의도가 높을 것이라 생각된다.

<표 7> 외모관리 관련 선행연구

연 구 자	대 상	내 용
이은미(1986)	생산직 근로여성	젊은 층과 나이 많은 층에서 이상적인 외모에 대한 관심이 높을수록 의복 및 유행에 관한 관심이 높음.
김윤정(1992)	여대생	유행선도력이 높을수록 심미성을 중시함.
김재희, 정삼호(1995)	사무직 남성	남성성이 강할수록 유행, 신분상징성, 개성을 중시함.
이부희 외 1인(1996)	남·여 중고등학생	자기외모이미지가 높을수록 유행에 관심이 많고, 외모와 몸매관리에 관심이 높을수록 의복으로 사회적 인정을 받으려 함.
함용헌(1997)	30 – 50대 여성	30대에서 50대 여성들은 주름을 감소시키고 피부에 탄력을 주는 데 관심이 많음.
이현옥(1998)	20 – 50대 여성	외모관심도가 낮을수록 화장품 사용 및 화장도가 낮음.
이현옥, 박경애(2000)	20 – 50대 여성	외모관심이 높고 스트레스를 많이 받을수록 화장을 더 자주함.
김재숙외 4인(2000)	20대여성	신체이미지에 대한 만족도 높을수록 외모, 의복, 체중조절에 더 관심을 가짐.
김광경 외 1인(2001)	여대생	경제적으로 여유가 있을수록 외모에 대한 관심이 높음.
김정애 외 1인(2002)	여고생	신체만족도가 낮은 학생들은 자아존중감이 낮아 외모관리행동에 더 적극적임.
최정원(2003)	직장인	직장인들은 비인적 정보원의 활용이 높고, 패션상품에 대한 구매 후 만족도가 높은 경향을 보임.
정명선(2003)	20 – 30대 여성	신체적 매력성을 지각하고 있는 성인여성이 외모관리행동에 더 적극적임.
이현옥(2006)	성인여성	외모와 신체에 대한 관심이 높은 사람이 성형수술과 비만관리에 더 긍정적 태도를 보임.

Ⅲ

연구방법 및 절차

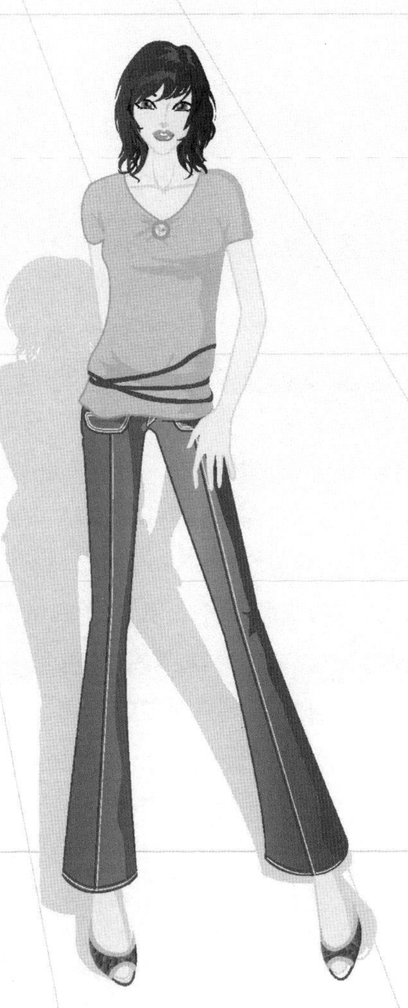

The Effect of The Social Comparison against Appearance
Management Working People's Appearance
Information Conjugate · Appearance Management
and Fashion Product Purchases

1. 연구문제

대중매체의 발달로 사회에서 요구하는 미적 기준이 높아지고 외모 및 체중관리, 성형수술, 몸매관리 등에 대한 관심이 증가함에 따라 외모를 사회적 기준에 맞추기 위한 노력이 일반적인 사회현상으로 나타나고 있다. 외모는 원활한 대인관계를 위한 중요한 수단으로서, 타인과의 비교가 두드러진 직장인에게 있어 사회적 기준에 어느 정도 일치하거나 보다 나은 외모가 능력으로 인식될 정도로 외모문제는 개인적 차원을 넘어서고 있다.

외모를 중시하는 사회풍조는 연령, 성별에 상관없이 외모에 대한 관심을 유발하였고, 외모관리와 관련된 패션상품의 구매를 활성화시키는 원인이 되고 있다. 이러한 사회현상을 반영하여 외모와 관련된 연구가 활발하게 이루어지고 있으나, 직장인의 외모관리와 패션상품 구매의도에 관한 연구는 전무한 실정이며, 사회심리적인 관점에서 이들의 외모관리와 패션상품 구매의도의 영향요인을 밝히는 연구는 전혀 이루어지지 않고 있다. 따라서 본 연구에서는 사회비교의 결과 나타나는 심리적인 정서를 변인으로 사용하였다. 본 연구는 외모와 같은 신체 비교에 중점을 두고 있기 때문에 긍정적인 정서보다는 부정적인 정서를 더 중요한 변인으로 보았으며, 이러한 부정적인 정서를 경험함으로써 외모나 미디어의 정보에 더욱 관심을 갖고 외모를 관리하고자 더욱 노력할 것이라 생각하였다.

본 연구에서는 사회비교의 부정적인 결과변인인 비교불만족, 자아불일치와 자아존중감이 궁극적으로 외모관리와 비교불만족, 자아불일치, 자아존중감이 미디어정보 및 외모관리에 어떠한 영향을 미치고, 이러한 관심이 패션상품 구매의도의 영향요인으로 작용하는지를 분석하고자 하였다.

사회비교의 부정적 결과변인들이 외모정보활용와 외모관리에 있어 비교대상에 초점이 맞추어지고 있어 비교불만족과 자아불일치 변인명을 유사비교불만족, 상향비교불만족으로 바꾸어 연구를 전개하고자 한다.

또한 사회비교의 조절이론(Banaji & Prentice, 1994)에서는 성별, 인종 등과 같은 사회적 범주, 자기 감시성 등의 개인적 범주, 문화적 범주에 따라 사회비교과정에 차이가 있을 것으로 보았다.

따라서 본 연구는 직장인의 사회 심리적 정서가 외모정보활용과 외모관리에 어떠한 영향을 미치고, 외모정보활용과 외모관리의 상관관계, 외모정보활용과 외모관리가 패션상품 구매의도에 미치는 영향을 분석하는 데 목적이 있다. 이와 함께 개인적 특성에 따른 외모정보활용, 외모관리 및 패션상품 구매의도의 차이를 알아보고자 하며, 본 연구의 연구문제는 다음과 같다.

연구문제1: 직장인의 사회비교결과 유사비교불만족, 상향비교불만족 및 자아존중감은 외모정보활용에 미치는 영향을 알아본다.

연구문제2: 직장인의 사회비교결과 유사비교불만족, 상향비교불만족 및 자아존중감은 외모관리에 미치는 영향을 알아본다.

연구문제3: 직장인의 외모정보활용과 외모관리의 상관관계를 알아본다.

연구문제4: 직장인의 외모정보활용과 외모관리가 패션상품 구매의도에 미치는 영향을 알아본다.

연구문제5: 인구통계적 변인에 따라 미디어외모정보, 외모관리 및 패션상품 구매의도에 차이를 알아본다.

2. 연구모형

본 연구는 사회심리분야의 사회비교이론에서 거론된 결과변수를 활용하여 이들 변수가 직장인의 외모관리 및 패션상품 구매의도에 미치는 영향을 분석하는 데 가장 큰 목적이 있다. 이와 함께 미디어와 외모에 대한 관심 정도가 직장인의 외모관리 및 패션상품 구매의도에 미치는 영향을 분석하고자 하였으며, 이러한 영향관계가 개인적 특성에 따라 차이가 있는지를 알아보고자 하였다.

본 연구의 연구모형은 다음 <그림 4>와 같다.

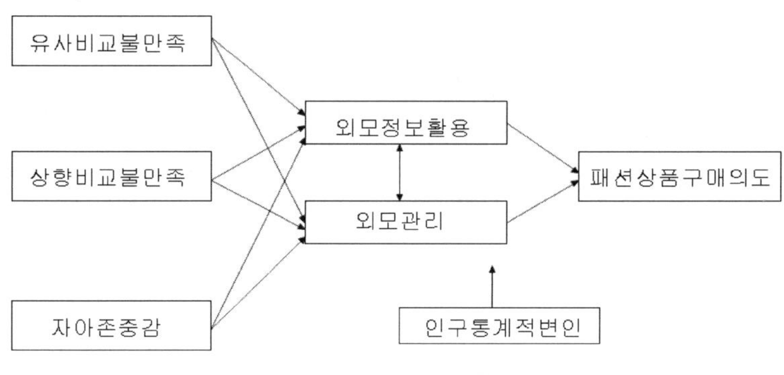

〈그림 4〉 연구모형

3. 변수의 조작적 정의 및 측정

본 연구는 사회비교이론의 결과변수인 비교불만족, 자아불일치, 자아존중감과 외모정보활용, 외모관리 및 패션상품 구매의도에 관한 선행연구를 참조하고, 예비조사 결과를 통하여 문항을 수정, 보완함으로써 측정도구를 완성하였다.

비교불만족과 자아불일치는 외모관리와 패션에 대한 비교대상의 선택의 문제로 보아 유사비교불만족, 상향비교불만족이라 명하였다.

본 연구의 변수의 조작적 정의와 측정도구는 다음과 같다.

1) 유사비교불만족

본 연구에서는 한 개인이 외모나 신체 등의 외형을 자신의 동료나 가족 등 주변인들과 비교하여 그 결과 자신의 외모에 불만족하는 것을 유사비교불만족이라 정의하였다. 아래의 <표 8> 참조.

이를 측정하기 위하여 Festinger(1954), Wills(1981)의 이론을 참고하고, 서화숙(2002), 정선애(2004), 한경미(2006) 등의 연구에서 문항을 발췌하였으며, 예비조사를 통하여 수정, 보완함으로써 측정도구를 완성하였다. 이에 따라 <표 8>에서처럼 주변 친구나 동료, 가족 등과의 비교를 통한 불만족, 스타일 연출 시 다른 사람들의 영향 정도, 자신이 주변 사람들보다 뒤떨어져 있다고 생각하는 정도, 자신의 외모에 대한 불만 등의 비교불만족 5문항으로 구성하여 ‘전혀 그렇지 않다(1점)’에서 ‘매우 그렇다(5점)’의 5점 리커트(Likert) 척도로 측정하였다.

<표 8> 유사비교불만족의 측정항목

측 정 항 목	출 처
나는 주변 사람들보다 외모가 뒤떨어진다. 주변 사람들과 비교하여 나는 그다지 매력적이지 않다. 나는 주변 사람들이 나보다 잘생기고 예쁘다고 생각한다. 나는 외모나 패션스타일, 화장, 헤어스타일 등이 주변 사람들과 비교하여 불만족스럽다. 나는 외모관리나 스타일 연출에 있어 주변 사람들의 영향을 많이 받는다.	서화숙(2002) 정선애(2004) 한경미(2006) Festinger (1954) Wills(1981)

2) 상향비교불만족

본 연구에서는 한 개인이 외모나 신체 등의 외형을 이상적으로 여기는 광고 모델이나 스타 혹은 이상적인 광고 모델과의 비교를 통하여 차이를 인지할 때 느끼는 감정을 상향비교불만족이라 하였다. 아래의 <표 9> 참조.

이를 측정하기 위하여 Festinger(1954)와 Higgins(1987), Wills(1981)의 이론을 참고하고, 이시연(2005), 장은영(2004), 정선애(2004), 등의 연구에서 문항을 발췌하였으며, 예비조사를 통하여 수정, 보완함으로써 측정도구를 완성하였다. 이에 따라 <표 9>에서처럼 스타일 연출 시 이상적인 모델과 자신과의 차이를 자아불일치 5문항으로 구성하여 '전혀 그렇지 않다(1점)'에서 '매우 그렇다(5점)'의 5점 리커트(Likert) 척도로 측정하였다.

<표 9> 상향비교불만족의 측정항목

측 정 항 목	출 처
나는 화장품 광고를 보면서 외모나 화장, 피부상태 등에서 광고 모델과 나와의 차이를 느낀 적이 있다. 나는 패션광고를 보면서 패션스타일이나 외적인 모습 등에서 광고 모델과 나와의 차이를 느낀 적이 있다. 나는 광고를 보면서 나의 미모나 스타일에 불만을 느낀 적이 있다. 광고 모델의 매력적인 몸매와 비교하여 내 몸매는 그다지 매력적이지 않다. 이상적으로 여기는 모델과 나 자신 사이에는 많은 차이가 있다.	이시연(2005) 장은영(2004) 정선애(2004) Festinger(1954) Higgins(1987) Wills(1981)

3) 자아존중감

본 연구에서 자아존중감이란 한 개인이 외모나 신체 등의 외적인 모습을 타인과 비교함으로써 자신의 외모가 가치 있다고 여기는 정도를 의미한다.

이를 위한 측정도구는 Festinger(1954)와 Higgins(1987), Wills(1981)의 이론을 참고하고, 고애란과 심정은(1997), 문혜경과 유태순(2003), 박아청(1998), 신효정(1992) 등의 연구에서 발췌한 문항을 예비조사를 통하여 수정, 보완함으로써 완성하였다. 따라서 <표 10>과 같이 자신에게 좋은 점이 많다고 인식하는 정도, 나에게 만족하는 정도, 나 자신에 대한 존중감 및 가치 등에 관한 문항을 포함하여 총 5문항을 '전혀 그렇지 않다(1점)'에서 '매우 그렇다(5점)'의 5점 리커트 척도로 측정하였다.

〈표 10〉 자아존중감의 측정항목

측 정 항 목	출 처
나는 좋은 점을 많이 지니고 있다. 나는 나에게 만족하는 편이다. 나는 남들 하는 만큼은 일을 할 수 있다. 나는 나를 존중하는 편이다. 나는 적어도 다른 사람만큼은 가치가 있다.	고애란, 심정은(1997) 문혜경, 유태순(2003) 박아청(1998), 신효정(1992) Festinger(1954), Higgins(1987) Wills(1981)

4) 외모정보활용

본 연구에서 미디어는 TV, 라디오, 신문, 잡지, TV홈쇼핑 및 인터넷의 광고나 정보를 말하며, 이러한 대중매체를 통해 외모에 대한 광고나 정보에 관심을 갖는 정도를 외모정보활용이라 정의하였다.

이에 관해서는 Baker, Churchill(1977), Mayers, Biocca(1992)의 연구

를 참조하고 김종기(2005), 김주희(2006), 김지현(2000) 등의 연구에서 발췌한 문항을 예비조사를 통하여 수정, 보완하여 미디어의 광고내용이나 정보에 대한 관심 정도, 미디어가 외모관리에 영향을 미치는 정도 등 총 6문항을 5점 리커트 척도로 측정하였다(<표 11>).

〈표 11〉 외모정보활용의 측정항목

측 정 항 목	출 처
나는 미디어를 통해 외모관리와 관련된 내용 및 정보를 접하면 외모관리를 하고 싶어진다.	김종기(2005) 김주희(2006) 김지현(2000) Baker & Churchill(1977) Mayers & Biocca(1992)
미디어의 외모관리에 관한 정보는 나의 외모관리에 도움을 준다.	
외모와 관련된 새로운 정보가 나오면 나는 호기심을 갖고 주의 깊게 본다.	
나는 미디어를 통해 외모관리나 스타일 연출, 이와 관련된 패션상품에 관한 광고정보를 많이 접한다.	
나는 미디어를 통해 외모관리 관련 상품을 광고하는 회사를 오래 기억하는 편이다.	
나는 미디어에서 접한 외모관리 관련 광고나 정보를 주변 사람들에게 자주 이야기한다.	

5) 외모관리

본 연구에서 외모관리란 한 개인이 원활한 대인관계 및 사회생활을 위하여 외모에 관심을 가져 여기에 자신의 외모를 맞추기 위한 노력 정도로서, 의복이나 화장, 액세서리, 헤어스타일 등을 통하여 지속적으로 외모에 관심을 갖고 자신을 표현하는 것을 외모관리라 정의하였다.

이를 측정하기 위하여 이부희, 고애란, 김양진(1996), 서화숙(2002), 이애숙(2003), 이은미(1986), 이현옥, 박경애(2000) 등의 연구를 참조하고 예비조사를 통하여 수정, 보완하여 외모를 중요하게 여기거나 관심을 갖는 정도, 의복 착용이나 미용 등에 관심을 갖는 정도 등과 관련된 7문항을 '전혀 그렇지 않다(1점)'에서 '매우 그렇다(5점)'의 5점 리커트 척도로 측정하였다(<표 12>).

〈표 12〉 외모관리의 측정항목

측 정 항 목	출 처
나는 사회생활에서 외모관리가 중요하다고 생각한다. 나는 외모가 아름답거나 잘생겨 보이도록 신경을 쓴다. 나는 가능한 한 스타일을 자주 바꿔 변화를 주는 편이다. 나는 멋지게 외모를 관리하여 남의 눈에 띄고 싶다. 나는 피부, 헤어 등의 관리와 의복 착용, 화장, 헤어스타일 연출 등으로 외모를 관리하는 편이다. 나는 외모를 가꾸기 위하여 피부 관리를 받거나 성형수술을 해도 괜찮다고 생각한다. 나는 남들 앞에 가기 전에 내 모습이 괜찮은지를 항상 확인한다.	이은미(1986) 김양숙(1996) 박경애(2000) 서화숙(2002) 이애숙(2003)

6) 패션상품 구매의도

본 연구에서 패션상품이란 피부나 헤어관리, 의복 착용, 화장, 헤어스타일 연출 등의 외모관리를 위한 상품을 의미하며, 이러한 상품을 구매하려는 의도를 패션상품 구매의도라 하였다.

이에 관해서는 정진애(2004), 최정원(2003) 등의 연구를 참조하고 예비조사를 통하여 문항을 수정, 보완함으로써 외모관리와 관련된 패션상품을 구입하려는 의도와 관련된 총 3문항을 '전혀 그렇지 않다(1점)'에서 '매우 그렇다(5점)'의 5점 리커트 척도로 측정하였다(<표 13>).

〈표 13〉 패션상품 구매의도의 측정항목

측 정 항 목	출 처
나는 외모관리를 위하여 의복이나 액세서리, 화장품, 헤어제품 등을 구입할 의향이 있다. 나는 외모관리와 관련된 신상품이 나오면 구입하고 싶어진다. 나는 외모관리와 관련된 광고나 정보를 접하면 그 상품을 사고 싶다.	정진애 (2004) 최정원 (2003)

4. 자료수집 및 분석

본 연구는 사회생활을 통하여 타인과의 비교를 자주 경험하고, 성공적인 사회생활을 위하여 외모관리에 보다 더 신경을 쓸 것으로 생각되는 직장인 남녀를 연구대상으로 하였다. 본 연구가설의 타당성 및 신뢰성을 확보하기 위하여 성별, 직종별로 구분하여 설문지법으로 자료를 수집하였고, 예비조사와 본조사의 2가지 방법으로 수행하였다.

1) 자료의 수집

측정도구의 적절성을 밝히고 수정 혹은 보완될 항목을 선별하는 과정에서 예비조사는 2번에 걸쳐 실시하였다. 첫째, 2006년 8월에 의류학을 전공한 전문가 그룹(대학원생)의 반복적인 평가와 토의를 통하여 사회비교이론에서 거론된 변수 중 본 연구에 필요한 변수와 설문지에 적합한 항목들을 선별하였다. 둘째, 2006년 9월 10일에서 25일까지 성별, 직종별로 구분하여 총 150명을 대상으로 예비조사를 실시하였다. 연구자를 포함한 대학원생 4명이 직접 회사를 방문하여 예비조사를 실시하였으며, 응답자의 대부분은 직장생활 3년 이상의 20대 후반~30대 초·중반의 직장인이었다. 각 응답지마다 올바르게 응답되었는지를 일일이 확인하였고, 부실한 응답지는 그 자리에서 조사원이 추가 질문을 통해 물어보았으며, 더 필요하다고 생각되는 항목들을 응답자들이 자유롭게 기술하도록 유도하였다. 그리고 예비조사 결과와 추가로 기입한 내용을 참조하여 설문 문항을 수정, 보완함으로써 설문지를 완성하였다.

본 조사에서는 연구대상을 어떻게 선정하는 것이 가장 신뢰성 높은 자료를 수집할 수 있을 것인가를 신중하게 고려하였다. 직업분류는 한국직업표준분류(2001년 1월에 개정)에 따라 분류하였다. 직종별 경영관리와 사무직은 KTF 직원과 병원의 원무과에서 조사하였고, 전문직의 경우는 디자이너, 광고업, 강사 등을, 기술직은 영양사, 미용관련 업종 등을 그리고 영업직은 중소기업에서 영업 관리를 하는 직장인들로 선정하였다. 이들 모두 남성과 여성의 비율을 고려하여 2006년 9월 30일에서 10월 30일 사이에 임의표집방식으로 본 조사를 실시하였다.

예비조사와 마찬가지로 연구자 외 대학원생 4인이 직접 회사를 방문하여 그 자리에서 응답을 받는 형식을 취하였으나, 응답자의 사정상 바로 수거되지 않을 경우에는 응답자의 이메일 주소로 설문지를 보내고 응답을 받았다. 수거된 설문지는 550부였으며, 이 중 응답이 불성실한 설문지를 제외하고 최종적으로 538부를 자료 분석에 사용하였다.

2) 자료의 분석방법

본 연구에서는 연구모형의 적합성을 검증하기 위하여 SPSS WIN 12.0 프로그램을 이용하였다. 수집된 자료의 통계처리는 신뢰도분석, 요인분석, 다중회귀분석(Multiple Regression Analysis), ANOVA 분석, Duncan Test 등을 실시하였다.

구체적인 자료 분석의 내용은 다음과 같다.

첫째, 유사비교, 상향비교, 자아존중감, 외모정보활용, 외모관리의 측정변수를 구성하기 위해 요인분석을 통해 문항들의 잠재구조를 밝히고 하위개념을 도출하였다.

둘째, 요인분석을 통해 측정문항의 타당성을 검토하였고, Cronbach's α를 통한 신뢰도 검증을 통해 각 척도내의 일관성을 확인하였다.

셋째, 연구모형의 검증에 들어가기 전에 측정변수들 간의 관련성 여부를 파악하기 위해 다중회귀분석을 실시하였다.

넷째, 부가적으로 인구통계적 변인들의 성별, 연령, 결혼유무의 남·여 차이를 검증하기 위해 T-test, ANOVA 분석을 실시하였다.

5. 연구대상의 특성

본 연구는 직장생활을 원활하게 하기 위한 수단으로 외모를 중시하거나 타인과의 비교에서 외모가 능력으로 인정되는 시기의 직장인을 대상으로 하기 때문에 성별이나 연령, 직종 등의 비중이 너무 한 부분에 치우치지 않도록 고려하였으며, 연구대상의 인구통계적 특성은 <표 14>와 같다.

연령분포는 25세~29세(43.5%), 30세~34세(26.8%), 35세~39세(11.5%) 등의 순으로 나타나 20대 중·후반에서 30대 초·중반이 가장 많았다. 이들의 대부분은 직장생활 초년생이거나 10년 이하의 경력자로서, 이 시기는 타인과의 비교나 경쟁이 그 어느 때보다도 심화될 수 있고 자아존중감을 높이기 위한 방법으로 외모관리나 패션상품 구매에 적극적인 성향을 지녔을 것으로 생각된다.

거주지역은 서울과 경기지역이 각각 308명(57.2%), 230명(42.8%)이었고, 성별 비율을 고려하여 설문조사를 하였으나 여성이 316명(58.7%), 남성이 222명(41.3%)으로 여성이 남성보다 약간 많았으며, 미혼(30.5%)보다는 기혼(69.5%)이 더 많았다.

대학교 이상의 교육을 받은 직장인이 414명(77.0%)으로 나타나 교육수준은 비교적 높은 편이었고, 월 평균 소득은 100만 원~300만 원 미만이 388명(72.1%)으로 가장 높게 나타났다. 현재 근무하고 있는 직장은 대기업(27.9%), 중소기업(24.9%), 소규모기업(11.5%), 기타(11.1%), 교육기관(9.3%) 등의 순으로서 대기업과 중소기업 근무자가 많았으며, 직종은 일반 사무직(36.1%), 전문직(22.3%), 마케팅 / 영업직(12.6%) 그리고 경영관리직(11.5%) 등의 순이었다.

<표 14> 연구대상의 인구통계적 특성(n = 538)

구 분		빈도 (%)
연 령	25세 미만	60 (11.2)
	25세 이상~30세 미만	234 (43.5)
	30세 이상~35세 미만	144 (26.8)
	35세 이상~40세 미만	62 (11.5)
	40세 이상	38 (7.0)
거주지	서울	308 (57.2)
	경기	230 (42.8)
성 별	여성	316 (58.7)
	남성	222 (41.3)
결혼여부	기혼	374 (69.5)
	미혼	164 (30.5)
학 력	고등학교 졸업 이하	40 (7.4)
	전문대학교 졸업	84 (15.6)
	대학교 졸업	322 (59.9)
	대학원 재학 이상	92 (17.1)
월평균소득	100만 원 미만	28 (5.2)
	100만 원~300만 원 미만	388 (72.1)
	300만 원~500만 원 미만	90 (16.7)
	500만 원 이상	32 (6.0)
근무직장	대기업	150 (27.9)
	중소기업	134 (24.9)
	소규모기업	62 (11.5)
	벤처기업	22 (4.1)
	관공서	24 (4.5)
	외국계기업	36 (6.7)
	교육기관	50 (9.3)
	기타	60 (11.1)
직 종	일반사무직	194 (36.1)
	경영관리직	62 (11.5)
	전문직	120 (22.3)
	마케팅영업직	68 (12.6)
	기술기능직	48 (8.9)
	기타	46 (8.6)

IV

연구결과 및 논의

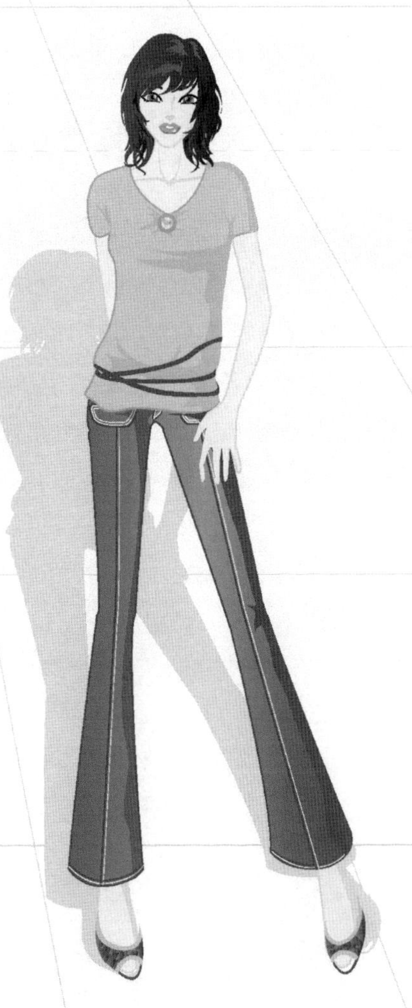

The Effect of The Social Comparison against Appearance
Management Working People's Appearance
Information Conjugate · Appearance Management
and Fashion Product Purchases

1. 요인분석

1) 유사비교불만족 요인분석

본 연구에서는 각 요인을 구성하는 측정항목들을 검증하기 위하여 요인분석과 신뢰성분석을 실시하였다. 요인분석(주성분분석, 직교회전, 아이겐 값 1 이상 요인 추출) 결과 얻어진 최종 요인구조는 <표 15>에 나타나 있다.

<표 15>는 사회비교에 따른 부정적인 정서 유사비교불만족에 관한 요인분석을 한 결과 1개의 요인으로 나타났다. 요인은 주변 사람이나 동료, 가족과 비교하여 외모에 대한 자신감이 없거나 스스로를 매력적이지 못하다고 느끼고 있어 유사비교불만족이라 명명하였다.

유사비교불만족의 신뢰도는 .72로 비교적 높게 나타났다. 특히 동일요인에 속한 문항들의 요인부하량 값들이 매우 크고, 최소 요인부하량 값이 0.6 이상으로 비교적 높게 나타나 수렴타당성이 높았으며, 이들 문항들은 다른 요인에서는 상대적으로 낮은 값을 가져 판별타당성 또한 높았다. 각 연구변인을 구성하는 측정항목들의 신뢰성 분석결과 모든 변인들에 대한 신뢰도가 0.7을 기준으로 0.72 이상(Cronbach's $\alpha > 0.72$)으로서 신뢰성에는 문제가 없었다.

<표 15> 유사비교불만족의 요인분석 및 신뢰도 검증

	문 항	요인 부하량	고유값	설명량 (%)	신뢰도
유사비교불만족	나는 주변 사람들보다 외모가 뒤떨어진다.	.72			
	나는 외모나 패션스타일, 화장, 헤어스타일 등 이 주변 사람들과 비교하여 불만스럽다.	.69			
	주변 사람들과 비교하여 나는 그다지 매력적 이지 않다.	.67	2.74	39.13	.72
	나는 주변 사람들이 나보다 잘생기고 예쁘다 고 생각한다.	.65			
	나는 외모관리나 스타일 연출에 있어 주변 사 람들의 영향을 많이 받는다.	.63			

2) 상향비교불만족 요인분석

본 연구에서는 각 요인을 구성하는 측정항목들을 검증하기 위하여 요인분석과 신뢰성분석을 실시하였다. 요인분석(주성분분석, 직교회전, 아이겐 값 1 이상 요인 추출) 결과 얻어진 최종 요인구조는 <표 16>에 나타나 있다.

<표 16>은 사회비교에 따른 부정적인 정서 상향비교불만족에 관한 요인분석을 한 결과 1개의 요인으로 나타났다. 요인은 패션광고를 보면서 자기 자신과 차이를 느끼며 불만을 느끼고 있어 상향비교불만족이라 명명하였다.

상향비교불만족의 신뢰도는 .52로 비교적 높게 나타났다. 특히 동일 요인에 속한 문항들의 요인부하량 값들이 크고, 최소 요인부하량 값이 0.6 이상으로 비교적 높게 나타나 수렴타당성이 높았다.

<표 16> 상향비교불만족의 요인분석 및 신뢰도 검증

문 항	요인 부하량	고유값	설명량 (%)	신뢰도
상향비교불만족	나는 화장품 광고를 보면서 외모나 화장, 피부상태 등에서 광고 모델과 나와의 차이를 느낀 적이 있다.	.80	2.18	54.39	.61
	나는 패션광고를 보면서 패션 스타일이나 외적인 모습 등에서 광고 모델과 나와의 차이를 느낀 적이 있다.	.77			
	이상적으로 여기는 모델과 나 자신 사이에는 많은 차이가 있다.	.70			
	광고 모델의 매력적인 몸매와 비교하여 내 몸매는 그다지 매력적이지 않다.	.69			
	나는 광고를 보면서 나의 외모나 스타일에 불만을 느낀 적이 있다.	.67			

3) 자아존중감의 요인분석

자아존중감의 요인분석한 결과 다음과 같이 하나의 요인이 추출되었으며 자기자신에 대한 자긍심과 가치를 포함하고 있어 자아존중감이라 명명하였다.

신뢰도는 0.77로 비교적 높게 나타났다.

<표 17> 자아존중감의 요인분석 및 신뢰도 검증

문 항	요인 부하량	고유값	설명량 (%)	신뢰도
자아존중감	나는 나를 존중하는 편이다.	.87	2.15	53.66	.77
	나는 남들이 하는 만큼은 일을 할 수 있다.	.80			
	나는 좋은 점을 많이 지니고 있다.	.74			
	나는 적어도 다른 사람만큼은 가치가 있다.	.73			
	나는 나에게 만족하는 편이다.	.64			

　위에서 설명한 사회비교이론의 결과변수 간의 상관관계를 알아보기 위해 각 변수들 간의 상관관계를 알아보았다(<표 18> 참조). 유사비교불만족과 상향비교불만족은 유의한 영향관계가 있었고, 유사비교불만족과 자아존중감 변수 사이에는 음의 영향관계가 나타났다. 이는 자신과 비슷한 집단의 동료나 가족과의 비교를 통해 느끼는 심리적 부정적인 정서 유사비교불만족은 자아존중감을 저하한다는 결과인데, 사회비교이론에서는 유사비교불만족과 상향비교불만족이 자아존중감을 저하시키거나, 향상시킨다고 한 사회비교이론의 결과와도 같다.

　직장인들은 이상화된 모델과의 상향비교불만족보다도 자신의 주변 동료와 가까운 사람과의 비교에서 자신이 못하다고 느낄 때 자아존중감이 저하된다는 사실을 알 수 있었다.

　이 결과로 직장인들은 사회생활에서 자신의 동료와의 경쟁의 상황에 놓여 있어 스트레스, 불만족, 우울 등의 감정이 더 생김을 알 수 있다.

〈표 18〉 사회비교이론 결과변수 간의 상관분석

	유사비교불만족	상향비교불만족	자아존중감
유사비교불만족	1	.426**	− .351**
상향비교불만족	.426**	1	− .072
자아존중감	− .351**	− .072	1

** p < .01, Pearson

4) 외모정보활용의 요인분석

　직장인의 미디어정보에 대한 관심을 알아보기 위해 요인분석한 결과 2개의 요인으로 추출되었다(<표 19>). 요인1은 미디어를 통해 외모관리와 스타일 연출하는 광고에 대한 관심도가 높아 미디어광고외모정보(3문항)라 명명하였고, 요인2는 미디어를 통해 외모관리에 대한 정보를 획득하는 미디어내용외모정보(3문항)라 명명하였다. 두 요인의 크롬바하 알파계수가 .79, 85로 나타나 신뢰도는 높았다.

<표 19> 외모정보활용의 요인분석 및 신뢰도 검증

	문 항	요인 부하량	고유값	설명량 (%)	신뢰도
미디어 외모 광고 정보	나는 미디어를 통해 외모관리 관련 상품을 광고하는 회사를 오래 기억할 수 있다.	.80	4.82	54.66	.79
	나는 미디어를 통해 외모관리나 스타일 연출, 이와 관련된 패션상품에 관한 광고정보를 많이 접한다.	.79			
	나는 미디어에서 접한 외모관리 관련 광고나 정보를 주변 사람들에게 자주 이야기한다.	.75			
미디어 외모 내용 정보	나는 미디어를 통해 외모관리 관련 내용 및 정보를 접하면 외모관리를 하고 싶어진다.	.88	1.02	14.65	.85
	미디어의 외모관리에 관한 정보는 나의 외모관리에 많은 도움을 준다.	.87			
	외모관리와 관련된 새로운 정보가 나오면 나는 호기심을 갖고 주의 깊게 본다.	.76			

5) 외모관리 요인분석

외모관리는 자신의 외모 즉 의복, 화장, 헤어 등 본인의 만족하기 위해 스타일 연출에 관심이 많은 요인을 외모연출관리이라 명하였으며, 자신의 만족보다는 사회생활을 하는 데 있어 본인이 어떻게 보이는 것에 대한 관심의 정도를 외모관심관리라고 명하였다. 측정항목들의 신뢰성 분석결과 변인들에 대한 신뢰도가 0.6을 기준으로 0.62 이상(Cronbach's $\alpha > 0.62$)으로서 신뢰성에는 문제가 없었다. 결과는 아래의 <표 20>과 같다.

〈표 20〉 외모관리의 요인분석 및 신뢰도 검증

	문항	요인 부하량	고유값	설명량 (%)	신뢰도 문 항
외모 연출 관리	나는 가능한 한 스타일을 자주 바꿔 변화를 주는 편이다	.81			
	나는 피부, 헤어 등의 관리와 의복 착용, 화장, 헤어스타일 연출 등에 관리를 하는 편이다.	.76	3.19	48.47	.80
	나는 멋진 외모로 남의 눈에 띄고 싶다.	.63			
외모 관심 관리	나는 사회생활에서 외모관리가 중요하다고 생각한다.	.79			
	나는 남들 앞에 가기 전에 내 모습이 괜찮은지를 항상 확인한다.	.71	1.07	13.71	.74
	나는 외모를 가꾸기 위하여 피부 관리를 받거나 성형수술을 해도 괜찮다고 생각한다.	.69			
	나는 외모가 아름답거나 잘생겨 보이도록 신경을 쓴다.	.62			

6) 패션상품 구매의도 요인분석

패션상품 구매의도를 요인분석한 결과 다음과 같이 하나의 요인(3문항)이 추출되었으며, 신뢰도는 0.71로 비교적 높게 나타났다. <표 21>에서 알 수 있듯이 자기 자신의 외모를 더 돋보이게 하기 위해 미디어에서 나오는 광고에 관심을 갖고, 의복, 액세서리, 화장품 등을 살 마음이 있는 것으로 변수명과 같이 패션상품 구매의도라 명명하였다. 결과는 아래의 <표 21>과 같다.

〈표 21〉 패션상품 구매의도 요인분석 및 신뢰도 검증

문 항	요인 부하량	고유값	설명량	신뢰도
나는 외모관리를 위하여 의복이나 액세서리, 화장품, 헤어제품 등을 구입할 의향이 있다.	.89			
나는 외모관리와 관련된 신상품이 나오면 구입하고 싶어진다.	.89	2.23	74.27	.71
나는 외모관리와 관련된 광고나 정보를 접하면 그 상품을 사고 싶다.	.80			

2. 유사비교불만족, 상향비교불만족, 자아존중감이 외모정보활용과 외모관리에 미치는 영향

1) 유사비교불만족, 상향비교불만족, 자아존중감이 외모정보활용에 미치는 영향

직장인의 유사비교불만족, 상향비교불만족, 자아존중감이 미디어외모정보에 미치는 영향을 알아보기 위해 유사비교불만족, 상향비교불만족, 자아존중감을 독립변수로 미디어정보를 종속변수로 하여 회귀분석을 실시한 결과 상향비교불만족만이 미디어외모정보에 영향을 미치는 것으로 나타났다. 미디어외모정보를 요인분석하여 돌출된 두 요인이었던 미디어외모광고정보(β =.19)와 미디어외모내용정보(β =.20)는 모두 자아불일치에 영향을 미치고 있었으며, 설명력이 낮아 연구의 결과를 확대하기에는 무리가 있다(<표 22>).

직장인들이 사회적 경쟁 속에서 외모가 하나의 경쟁력이 된 만큼, TV, 잡지 등에서 신체적 매력을 지닌 스타나 모델과의 자아불일치는 개인으로 하여금 그 대상보다 못하다는 불만족한 감정을 자극하게 되어 더욱 미디어에서 제공하는 외모 관련 광고와 내용정보에 관심을 갖게 됨을 알 수 있었다. 이는 현대 사회에서 가장 강력하게 소비자들에게 소구하는 미디어 특히 직장인들이 매일 접하는 인터넷이나 신문, 잡지의 외모 관련 내용을 접하므로 시각적으로 신체적 매력을 지닌 이상화된 모델들과의 비교가 아니더라도, 외모관리와 관련된 내용을 끊임없이 접하게 된다. 이로써 심리적으로 불만족스러운 감정을 자극하고

되고, 더 광고나 미디어정보에 더욱 관심을 갖게 됨을 알 수 있었다. 이 결과는 사회비교이론의 선행연구에서 나타났듯이 소비자들은 이상적인 광고 모델을 봄으로써 자신의 신체적 매력과 비교하고, 일시적으로라도 자신의 신체적 매력에 대하여 불만족하며, 스스로 생각하는 신체적 매력의 기준이 높이기 위해 의복, 헤어스타일, 장신구, 메이크업 등 패션트랜드에 더 관심을 가질 것으로 예측된다. 또한 미디어의 정보제공과 사회비교와의 영향관계에서 자아불일치가 될수록 미디어의 영향력이 커짐을 밝힌 정진애(2004)의 연구결과와 일치한다.

최근 들어 인터넷이나 TV, 잡지의 광고를 통해 상품을 접하고, 구입하는 소비자가 증가함에 따라 미디어의 영향력은 더욱더 커질 것이라 생각된다.

〈표 22〉 유사비교불만족, 상향비교불만족, 자아존중감이 외모정보활용에 미치는 영향

독립변수 \ 종속변수	미디어광고외모정보		미디어내용외모정보	
	β	t	β	t
유사비교불만족	.05	.91	.05	.94
상향비교불일치	.19	5.79***	.20	4.19***
자아존중감	.08	1.67	−.07	−1.43
F	8.76***		10.82***	
R^2	.047		.057	

*** p＜.001

2) 유사비교불만족, 상향비교불만족, 자아존중감이 외모관리에 미치는 영향

유사비교불만족, 상향비교불만족, 자아존중감이 외모관리에 미치는 영향을 알아보기 위하여 회귀분석을 한 결과, 상향비교불만족, 자아존중감만이 외모관리의 두 요인 중 외모연출관리(β =.17, β =.13)에만 영향을 미치고 있었으며 3개의 변인은 외모관리에 4.2%의 설명력을 가지고 있음을 알 수 있다(<표 23>).

외모관리를 한다는 것은 우선 시각적으로 자신의 외모에 변화를 주는 것이다. 상향비교로 인해 불만족을 느낄수록 이상과 현실 사이의 차이로 심리적으로 자신감이 결여되고, 이를 극복하기 위해서는 외모에 대한 관심보다는 시각적으로 변화되는 자신의 모습을 보고자 할 것이다. 특히 외모도 경쟁력으로 평가받는 직장인들에게는 사회적으로 자신이 어떻게 비춰지는지에 대한 관심이 더 많아져 자신의 외모연출관리에 더 관심을 갖게 되는 것으로 생각된다.

이 결과는 사람은 자신의 부정적인 모습에서 벗어나 긍정적인 모습을 지향하려는 자기향상욕구를 지니고 (한규석, 2004)있고, 신체에 대한 부정적인 평가와 불만족하고 있는 점을 외모관리를 함으로써 자신의 외모를 향상시키고자 한다(이수경, 고애란, 2006)는 선행연구의 결과와 같다.

끊임없이 타인과 비교를 강요당하고, 경쟁을 해야 하는 직장인들 외모연출관리에 더욱 관심을 갖는 태도를 보일 것으로 생각된다.

<표 23> 유사비교불만족, 상향비교불만족, 자아존중감이
외모관리에 미치는 영향

종속변수 독립변수	외모연출관리		외모관리관심	
	β	t	β	t
유사비교불만족	.05	.99	.88	1.94
상향비교불일치	.17	4.0***	.12	2.69
자아존중감	.13	2.9*	.52	1.14
F	7.72***		3.87	
R^2	.042		.021	

*** p < .001

3. 외모정보활용과 외모관리의 상관관계

1) 외모정보활용이 외모관리에 미치는 영향

　미디어외모정보가 외모관리에 미치는 영향을 알아보기 위해 다중회귀분석한 결과 미디어정보의 미디어광고정보, 미디어내용정보가 외모연출관리, 외모관심관리에 모두 영향을 미치고 있었다(<표 24>).

　미디어외모정보의 요인인 미디어광고외모정보(β =.268), 미디어내용외모정보(β =.261) 모두 외모연출관리에 더 높은 영향력을 나타냈는데, 이는 직장인들이 미디어라는 매체의 특성상 외모와 관련된 정보를 얻음을 알 수 있었다. 사회비교의 결과 외모의 좋고 나쁨이 미디어의 정보나 미디어에서 보이는 이상적인 모델로 영향을 받게 되는 요즘, 대부분들의 직장인들이 미디어정보, 즉 인터넷이나 TV, 잡지 등에서 제공되는 스타들의 외모관리나 다이어트방법, 패션트랜드 등 외모의 관리에 대한 정보를 수집하고 이상적으로 생각되고 사회적 미의 기준 속에 자신의 신체와 외모에 대해서 지각하고, 맞추어 나감을 알 수 있었다. 이 결과는 상황에 따라 외모나 옷차림을 더욱 중시한다는 선행연구의 결과(정경숙, 1999)에서도 보듯이 사회적으로 시각적인 이미지에 자신의 능력을 부합시키려는 직장인들이 사회적 기준에 어느 정도 근접할 수 있는 외모관리가 경쟁력의 필수요소가 되고 있는지를 알 수 있었다.

〈표 24〉 외모정보활용이 외모관리에 미치는 영향

독립변수 \ 종속변수	외모연출관리		외모관심관리	
	β	t	β	t
미디어광고외모정보	.37	9.42***	.24	6.02***
미디어내용외모정보	.21	5.45***	.25	6.12***
F	59.21***		36.85***	
R^2	.18		.12	

*** p < .001

2) 외모관리가 외모정보활용에 미치는 영향

외모관리가 외모정보활용에 미치는 영향을 알아보기 위해 다중회귀 분석한 결과 미디어정보의 미디어광고정보, 미디어내용정보가 외모연출 관리, 외모관심관리에 모두 영향을 미치고 있었다(<표 25> 참조).

외모정보의 요인인 외모연출관리는 미디어광고외모정보(β =.37), 미디어내용외모정보(β =.24) 외모관심관리는 미디어광고외모정보(β =.21), 미디어내용외모정보(β =.25) 모두 외모관리에 영향력을 나타냈다.

이는 직장인들이 외모관리를 하기 위해서 미디어라는 매체를 이용해 외모에 대한 광고나 연출 방법 등 외모와 관련된 정보를 얻음을 알 수 있었다.

현재 바쁘게 살아가는 직장인들이 외모관리에 대한 정보는 미디어 잡지, 인터넷에서 제공되는 광고에서 얻기가 쉽다. 이 결과로 볼 때, 마케터 입장에서는 미디어 중 특히 직장인들이 외모관리와 관련해 선호하는 미디어 매체를 조사하여 외모관리에 관심이 많은 직장인들을 위해 상품정보나 외모관리를 할 수 있는 카다로그나 정보를 온·오프 라인으로 발송하고, 회사가 모여 있는 장소에서 신상품테스트나 샘플 등을 제공해 활발한 마케팅을 펼치는 전략 마케팅 전략의 수립이 요구 된다.

〈표 25〉 외모관리가 외모정보활용에 미치는 영향

독립변수 \ 종속변수	미디어광고외모정보		미디어내용외모정보	
	β	t	β	t
외모연출관리	.37	9.50***	.21	5.22***
외모관심관리	.24	6.29***	.25	6.07***
F	64.90***		32.07***	
R^2	.20		.11	

*** p<.001

4. 외모정보활용과 외모관리가 패션상품 구매의도에 미치는 영향

1) 외모정보활용이 패션상품 구매의도에 미치는 영향

외모정보활용이 패션상품 구매의도에 미치는 영향을 알아보기 위해 회귀분석을 한 결과, 미디어광고외모정보(β =.528)와 미디어내용외모정보(β =.424) 모두 영향력이 있음을 알 수 있었다(<표 26>). 미디어 정보의 두 요인이 패션상품 구매의도에 46% 설명력을 나타냈다. 현대는 미디어의 시대라고 해도 과언이 아닐 정도로 사람들은 미디어와 항상 접하며 살고 있고, 미디어를 통해 나오는 정보에 의해 그 어느 시대보다 까다로운 미의 기준을 가지게 되었다. 이 기준을 갖기 위해 미디어에서 나오는 광고 속의 모델이 입은 의복, 화장품, 헤어스타일에 관심을 갖고, 손쉽게 접하는 미디어 중 인터넷이나 TV, 잡지에서 제공되는 여러 외모관리 정보를 접하게 되며, 이는 자연스럽게 패션상품 구매의도로 연결된다. 따라서 미디어는 직장인들의 패션상품 소비행동에 큰 영향을 미치고 있음을 알 수 있었다.

2004년 KNP 보고서에 의하면 인터넷을 통한 상품 구매에서 20대, 30대 직장인들의 패션상품 구매율이 다른 연령층보다 높고 재구매의도 또한 높은 것으로 나타나, 인터넷은 직장인들이 자주 활용하는 새로운 유통형태라 할 수 있다. 따라서 마케터는 소비자의 패션상품 구매의도에 큰 영향을 주는 미디어 즉 인터넷을 잘 활용해 마케팅 전략을 세워야 한다.

〈표 26〉 외모정보활용이 패션상품 구매의도에 미치는 영향

독립변수 \ 종속변수	패션상품 구매의도		F	R^2
	β	t		
미디어광고외모정보	.528	16.58***	226.11***	.46
미디어내용외모정보	.424	13.32***		

*** p < .001

2) 외모관리가 패션상품 구매의도에 미치는 영향

외모관리가 패션상품 구매의도에 미치는 영향을 알아보기 위해 회귀분석을 실시하였다. 외모연출관리(β = .416)와 외모정보관리(β = .433)가 패션상품 구매의도에 유의미한 영향을 미치고 있었다. 외모관리의 2개의 요인은 패션상품 구매의도에 36%를 설명력을 나타냈다(<표 27>). 외모관리는 자기표현의 하나로서 유행의 흐름에 맞춰 자신을 나타내고 자신의 미를 찾는 것이다. 특히 직장인에게는 사회적 기준에 맞는 미를 갖춘다는 것은 자신의 능력을 돋보이게 하는 역할을 하므로 매우 중요하다고 할 수 있다.

위의 결과에서에서 보았듯이, 외모관리는 사회적 비교가 중시되고 있는 현대 사회에서 직장인 개인의 심리적 정서에 반응하여 성별에 상관없이 나타나는 특질이라 할 수 있으며, 직장인들은 외모관심이 높을수록 외모관리에 더 신경을 쓰고 패션상품의 구매의도는 높아질 것이라 생각된다.

<표 27> 외모관리가 패션상품 구매의도에 미치는 영향

종속변수 독립변수	패션상품 구매의도		F	R^2
	β	t		
외모연출관리	.416	12.02***	150.52***	.36
외모관심관리	.433	12.52***		

*** p < .001

5. 직장인 남·여에 따른 사회비교와 외모정보활용·외모관리 및 패션상품 구매

본 연구의 연구문제를 직장인 남·여의 차이를 알아본다. 전체적인 모형과 큰 차이는 없었지만, 본 연구의 목적이었던 패션상품기획에 세부적인 마케팅 전략의 제공에 있어 의미가 있다고 생각되어 제시하였다.

직장인 남·여 모두 전체모형과 큰 차이는 없었지만, 사회비교의 결과변수였던 유사비교불만족, 상향비교불만족, 자아존중감이 미디어외모정보와 외모관리에 미치는 영향에 있어 부분적인 차이를 보였다.

1) 직장인 남·여의 유사비교불만족, 상향비교불만족, 자아존중감이 외모정보활용에 미치는 영향

남성직장인의 경우, 전체모형과 마찬가지로 상향비교불만족에서 유의한 영향관계가 나타났고, 미디어내용외모정보 음의 영향관계가 나타났다. 자아존중감이 낮은 남성 직장인은 미디어에서 나오는 외모정보에는 관심이 없는 것을 알 수 있었다. 여성 직장인의 경우는 자아존중감이 미디어광고외모정보에서 유의한 영향이 있었다. 남성과 반대로 자아존중감이 높은 여성 직장인들은 미디어에서 제공되는 외모정보에 더 관심을 기울임을 알 수 있었다. 이 결과는 선행연구(Beyer, 1990; Fujita et al., 1991; Ingram et al., 1988)의 결과와 같이 남성에 비하여 여성이 타인과의 신체적 비교도 남성에 비하여 높고 외모관심이나 패션상품 구매의도가 남성보다 높다는 결과와 같다.

결정계수(R2) 값이 높지 않아 결과를 확대 해석하기에는 무리가 있지만, 심리적인 정서의 결과변수들이 남·여에 따라 차이를 나타내 의미 있는 결과라고 볼 수 있다.

〈표 28〉 남·여 직장인의 유사비교불만족, 상향비교불만족,
자아존중감이 외모정보활용에 미치는 영향

독립변수 \ 종속변수		미디어광고외모정보		미디어내용외모정보	
		β	t	β	t
남성	유사비교불만족	.06	.82	.04	.485
	상향비교불만족	.32	4.59***	.20	2.73*
	자아존중감	.02	.31	−.19	−2.58**
F		10.40***		7.11***	
R^2		.13		.09	

독립변수	종속변수	미디어광고외모정보		미디어내용외모정보	
		β	t	β	t
여성	유사비교불만족	.006	.09	.02	.23
	상향비교불만족	.02	.39	.19	3.00*
	자아존중감	.12	1.98*	.03	.52
F		1.40		4.00**	
R^2		.013		.037	

* p<05, *** p<.001

2) 직장인 남·여의 유사비교불만족, 상향비교불만족, 자아존중감이 외모관리에 미치는 영향

전체모형과 같이 남녀 직장인 모두 상향비교불만족이 외모연출관리에 유의한 영향력을 나타냈다. 남성 직장인의 경우는 자아존중감이 외모관심관리에 음의 영향관계를 나타냈고, 여성 직장인의 경우는 자아존중감이 외모연출관리에 영향력을 나타냈다. 미디어외모정보와 마찬가지로 남성은 자아존중감이 부정적인 사람은 자신의 외모관리를 하지 않고, 여성은 자아존중감이 긍정적일수록 외모관리에 신경 쓰고 긍정적임을 알 수 있었다.

이 결과로 볼 때, 남녀 직장인 모두 이상적인 모델과의 상향비교를 통해 미디어에서 제공되는 외모관리에 대한 연출이나, 광고 등에 더 신경을 쓰고 있었다. 자아존중감은 남성과 여성에 있어 차이를 나타냈는데, 자아존중감이 낮은 남성은 자신의 외모관리에 부정적으로 생각하고, 자신의 외모관리에 신경을 쓰지 않는 태도를 갖고 있다고 사료된다. 업계에서는 이런 소비자들을 끌어들일 수 있는 마케팅 기법이 필요하리라 생각된다. 예를 들면, 자신에 대해 부정적이고, 외모관리를 하지 않는 직장인을 대상으로 외모관리를 해줌으로써, 변화되는 자신의 모습을 보고 자아존중감이 회복될 수 있는 프로그램을 만들어 소비자에게는 치료의 효과를, 업계에서는 홍보의 효과를 가질 수 있으리라 사료된다.

<표 29> 남·여 직장인의 유사비교불만족, 상향비교불만족,
자아존중감이 외모관리에 미치는 영향

독립변수	종속변수	외모연출관리		외모관심관리	
		β	t	β	t
남성	유사비교불만족	.03	.47	$-.14$	-1.74
	상향비교불만족	.29	3.99***	.10	1.44
	자아존중감	.06	.86	$-.13$	-4.27***
	F	7.49***		6.32***	
	R^2	.09		.08	
여성	유사비교불만족	$-.042$	$-.66$	.02	.31
	상향비교불만족	.15	2.39*	.02	.36
	자아존중감	.18	3.03**	.15	2.62*
	F	5.13**		2.36	
	R^2	.047		.022	

* $p<05$, *** $p<.001$

3) 직장인의 남·여 외모정보활용이 외모관리에, 외모관리가 외모정보활용에 미치는 영향

남녀 직장인 모두 미디어외모정보가 외모관리에 미치는 영향을 미치고 있었다(<표 30>). 또한 외모관리가 미디어외모정보에도 영향을 미치고 있음을 확인할 수 있었다(<표 31> 참조). 단 남성의 경우 외모연출관리가 미디어내용외모정보에 영향력이 나타나지 않았는데, 직장인 남성들은 자신을 연출하기 위해 미디어에 제공되는 외모정보에는 여성보다 관심이 낮음을 알 수 있었다.

이 결과는 대부분들의 직장인들이 사회적 미의 기준 속에 자신의 신체와 외모에 대해서 지각하고, 맞추어 나가기 위해 미디어에 관심을 갖고, 외모관리를 하고 있음을 알 수 있었다.

〈표 30〉 남·여 직장인의 외모정보활용이 외모관리에 미치는 영향

독립변수	종속변수	외모연출관리		외모관심관리	
		β	t	β	t
남성	미디어광고외모정보	.47	7.96***	.23	3.60***
	미디어내용외모정보	.14	2.35*	.29	4.62***
	F	33.20***		15.95***	
	R^2	.23		.13	
여성	미디어광고외모정보	.21	3.86***	.22	3.94***
	미디어내용외모정보	.24	4.40***	.17	2.98**
	F	14.94***		10.70***	
	R^2	.087		.064	

*** $p < .001$

〈표 31〉 남·여 직장인의 외모관리가 외모정보활용에 미치는 영향

독립변수	종속변수	미디어광고외모정보		미디어내용외모정보	
		β	t	β	t
남성	외모연출관리	.47	8.05***	.110	1.70
	외모관심관리	.22	3.74***	.278	4.30***
	F	38.58***		10.52***	
	R^2	.26		.09	
여성	외모연출관리	.19	3.43***	.22	3.98***
	외모관심관리	.21	3.75***	.15	2.66***
	F	12.20***		10.87***	
	R^2	.072		.065	

*** $p < .001$

4) 직장인의 남·여 외모정보활용과 외모관리가 패션상품 구매의도에 미치는 영향

남·여 직장인 모두 미디어외모정보를 통해서 외모관리를 하기 위해 패션상품을 구매한다는 결과는 전체모형과 같다.

이 결과는 사회생활에서 외모가 미치는 영향 정도가 커지면서 직장인들의 외모에 대한 관심이 증가하고 있고, 그로 인해 의복 착용이나 화장, 헤어스타일 등 기본적인 외모관리는 물론 전문 피부 관리실을 찾거나 성형수술, 다이어트, 헬스 등으로 선천적인 외모를 변화 혹은 가꾸고자 하는 시도가 이루어지고 있는 현재 직장인들의 패션상품 구매는 더 증가되리라 생각된다.

〈표 32〉 남·여 직장인의 외모정보활용이 패션상품 구매의도에 미치는 영향

독립변수	종속변수	패션상품 구매의도		F	R^2
		β	t		
남성	미디어광고외모정보	.42	8.58***	99.48***	.48
	미디어내용외모정보	.58	11.84***		
여성	미디어광고외모정보	.37	7.56***	56.91***	.27
	미디어내용외모정보	.42	8.57***		

*** $p < .001$

〈표 33〉 남·여 직장인의 외모관리가 패션상품 구매의도에 미치는 영향

독립변수	종속변수	패션상품 구매의도		F	R^2
		β	t		
남성	외모연출관리	.52	9.70***	64.33***	.37
	외모관심관리	.33	6.15***		
여성	외모연출관리	.31	6.35***	55.56***	.26
	외모관심관리	.43	8.78***		

*** $p < .001$

6. 인구통계적 변인에 따른 외모정보활용, 외모관리 및 패션상품 구매의도의 차이

인구통계적 변인에 따라, 응답자의 개인적 특성 직장인의 외모정보활용과 외모관리와 패션상품 구매의도에 영향을 주는 변인은 성별, 연령, 결혼의 유무에서 유의한 차이가 나타났다.

1) 인구통계적 변인에 따른 외모정보활용의 차이

인구통계적 변인에 따른 미디어정보의 차이를 살펴보면, 성별에 따른 미디어정보를 살펴보면(<표 34>), 남성에 비해 여성이 외모관리에 더 신경을 쓰고 있음을 알 수 있었고, 연령별로는(<표 35>, <표 36> 참조) 20·30이 40대보다는 미디어를 이용해 자신의 외모관리에 신경을 쓰고 있었고, 패션상품구입이 많았다. 직장 생활을 시작하는 미혼인 20대, 미혼 여성이 자신의 미디어정보를 이용해 자신의 외모관리에 신경을 많이 쓰고 있음을 알 수 있었다. 이는 직장인 여성, 특히 20대의 미혼 직장 여성들의 특성과 욕구를 잘 파악하여 마케팅 전략의 수립이 요구됨을 알 수 있다. 직장 여성들이 어떤 미디어를 이용해서 정보를 얻고, 상품을 구매하는지에 대한 후속 연구가 필요하리라 생각된다.

<표 34> 성별에 따른 외모정보활용의 차이

외모정보활용 \ 성별	남성 (n = 222)	여성 (n = 316)	t
나는 미디어를 통해 외모관리 관련 내용 및 정보를 접하면 외모관리를 하고 싶어진다.	2.88	3.53	8.97***
미디어의 외모관리에 관한 정보는 나의 외모관리에 많은 도움을 준다.	2.92	3.49	8.15***
외모관리와 관련된 새로운 정보가 나오면 나는 호기심을 갖고 주의 깊게 본다.	2.77	3.39	8.23***
나는 미디어를 통해 외모관리나 스타일 연출, 이와 관련된 패션상품에 관한 광고정보를 많이 접한다.	2.40	2.69	3.51***
나는 미디어를 통해 외모관리 관련 상품을 광고하는 회사를 오래 기억할 수 있다.	2.75	3.44	9.27***
나는 미디어에서 접한 외모관리 관련 광고나 정보를 주변 사람들에게 자주 이야기한다.	2.75	3.24	5.90***

*** p < .001

개인적 특징 중 관심을 가지고 있던 변수였던 직종에서는 차이가 없었다. 이는 우리 사회가 외모에 대한 중요성이 커지면서 외모관리에 대한 태도가 사회적으로 직종에 관계없이 사회생활을 하는 데 필수불가결한 요소로 외모관리의 중요성이 강조되고 있음이 사료된다.

<표 35> 연령에 따른 외모정보활용의 차이

외모정보활용 \ 연령	20대 (n = 294)	30대 (n = 206)	40대 (n = 38)	F
나는 미디어를 통해 외모관리 관련된 내용 및 정보를 접하면 외모관리를 하고 싶어진다.	3.43a	3.09a	2.95b	10.36*
미디어의 외모관리 정보는 나의 외모관리에 많은 도움을 준다.	3.41a	3.11b	2.84b	15.86***
외모관리와 관련된 새로운 정보가 나오면 나는 호기심을 갖고 주의 깊게 본다.	3.29a	2.96a	2.84b	8.74*
나는 미디어를 통해 외모관리나 스타일 연출, 이와 관련된 패션상품에 관한 광고정보를 많이 접한다.	3.37a	2.90a	2.79b	13.39***
나는 미디어를 통해 외모관리 관련 상품을 광고하는 회사를 오래 기억할 수 있다.	3.12a	2.99b	2.68b	6.54*

외모정보활용	연령	20대 (n = 294)	30대 (n = 206)	40대 (n = 38)	F
나는 미디어에서 접한 외모관리 관련 광고나 정보를 주변 사람들에게 자주 이야기한다.		2.94a	2.47a	2.25b	8.03*

* p <.05, *** p <.001 a, b는 Duncan 검증결과 차이가 있음을 나타냄

〈표 36〉 결혼유무에 따른 외모정보활용의 차이

외모정보활용	결혼유무	미혼 (n = 374)	기혼 (n = 162)	t
나는 미디어를 통해 외모관리 관련 내용 및 정보를 접하면 외모관리를 하고 싶어진다.		3.37	3.02	4.19***
미디어의 외모관리 정보는 나의 외모관리에 많은 도움을 준다.		3.34	3.06	3.50**
외모관리와 관련된 새로운 정보가 나오면 나는 호기심을 갖고 주의 깊게 본다.		3.22	2.91	3.67***
나는 미디어를 통해 외모관리나 스타일 연출, 이와 관련된 패션상품에 관한 정보를 많이 접한다.		3.21	2.99	2.55*
나는 미디어를 통해 외모관리 관련 상품을 광고하는 회사를 오래 기억할 수 있다.		3.09	2.93	1.78
나는 미디어에서 접한 외모관리 관련 광고나 정보를 주변 사람들에게 자주 이야기한다.		2.89	2.69	2.20*

* p < .05, *** p < .001

2) 인구통계적 변인에 따른 외모관리 차이

인구통계적 변인에 따른 외모관리의 차이를 살펴보면, 성별에 따른 외모관리를 살펴보면(<표 37>), 미디어정보에서와 마찬가지로 남성에 비해 여성이 외모관리에 더 신경을 쓰고 있음을 알 수 있었다. 특히 여성은 자신의 외모관리를 위해서 피부 관리, 성형수술도 괜찮다고 생각하고 있어, 우리 사회의 외모중시풍조와 외모관리시장의 성장을 예측해 볼 수 있다. 연령별과 결혼유무의 차이는(<표 38>, <표 39>) 젊을수록 외모관리에 더 신경 쓰고 있었고, 미혼이 더 외모관리를 하고 있음

을 알 수 있었다.

〈표 37〉 성별에 따른 외모관리의 차이

외모관리 \ 성별	남성 (n = 222)	여성 (n = 316)	t
나는 사회생활에서 외모관리가 중요하다고 생각한다.	3.56	3.65	1.12
나는 외모가 아름답거나 잘생겨 보이도록 신경을 쓴다.	3.21	3.63	6.21***
나는 가능한 한 스타일을 자주 바꿔 변화를 주는 편이다.	2.60	2.98	4.89***
나는 멋지게 외모를 관리하여 남의 눈에 띄고 싶다.	3.20	3.36	2.17*
나는 피부, 헤어 등의 관리와 의복 착용, 화장, 헤어스타일 연출 등으로 외모를 관리하는 편이다.	3.17	3.54	5.10***
나는 외모를 가꾸기 위하여 피부 관리를 받거나 성형수술을 해도 괜찮다고 생각한다.	3.05	3.65	8.26***
나는 남들 앞에 가기 전에 내 모습이 괜찮은지를 항상 확인한다.	3.29	3.69	5.88***

* $p < .05$, *** $p < .001$

〈표 38〉 연령에 따른 외모관리의 차이

외모관리 \ 연령	20대 (n = 294)	30대 (n = 206)	40대 (n = 38)	F
나는 사회생활에서 외모관리가 중요하다고 생각한다.	3.69a	3.50a	3.63a	.13
나는 외모가 아름답거나 잘생겨 보이도록 신경을 쓴다.	3.52a	3.32ab	3.63b	.62
나는 가능한 한 스타일을 자주 바꿔 변화를 주는 편이다.	2.92a	2.71a	2.74a	.38
나는 멋지게 외모를 관리하여 남의 눈에 띄고 싶다.	3.41a	3.10b	3.47b	.20
나는 피부, 헤어 등의 관리와 의복 착용, 화장, 헤어스타일 연출 등으로 외모를 관리하는 편이다.	3.48	3.26	3.42	.14
나는 외모를 가꾸기 위하여 피부 관리를 받거나 성형수술을 해도 괜찮다고 생각한다.	3.48a	3.36b	3.00b	10.01**
나는 남들 앞에 가기 전에 내 모습이 괜찮은지를 항상 확인한다.	2.97a	2.59a	2.32b	19.34***

* $p < .05$, ** $p < .01$, *** $p < .001$ a, b는 Duncan 검증결과 차이가 있음을 나타냄

〈표 39〉 결혼유무에 따른 외모관리의 차이

외모관리 \ 결혼유무	미혼 (n = 374)	기혼 (n = 162)	t
나는 사회생활에서 외모관리가 중요하다고 생각한다.	3.63	3.59	.47
나는 외모가 아름답거나 잘생겨 보이도록 신경을 쓴다.	3.49	3.38	1.38
나는 가능한 한 스타일을 자주 바꿔 변화를 주는 편이다.	2.85	2.75	1.15
나는 멋지게 외모를 관리하여 남의 눈에 띄고 싶다.	3.36	3.12	2.99*
나는 피부, 헤어 등의 관리와 의복 착용, 화장, 헤어스타일 연출 등으로 외모를 관리하는 편이다.	3.44	3.27	2.08*
나는 외모를 가꾸기 위하여 피부 관리를 받거나 성형수술을 해도 괜찮다고 생각한다.	3.45	3.30	1.82
나는 남들 앞에 가기 전에 내 모습이 괜찮은지를 항상 확인한다.	2.89	2.54	4.25***

* p<.05, *** p<.001 a, b는 Duncan 검증결과 차이가 있음을 나타냄

3) 인구통계적 변인에 따른 패션상품 구매의도 차이

패션상품 구매의도에서는 아이템에 대한 여성 직장인의 경우 외모와 관련된 의복, 액세서리, 화장품, 헤어용품 등 신상품이나 광고를 통해 접하게 되면 상품을 구매의도가 있음을 알 수 있었다. 이는 요즘 남성들의 외모에 대한 관심이 높아짐에 따라 마켓이 확대되고 있지만, 아직까지는 여성의 패션상품에 대한 구매의도가 더 높음을 알 수 있다 (<표 40>). 이는 태평양(2006. 8)에서 조사한 남성들의 패션의식조사에서 나타났듯이 과거에 비해 외모관리에 대한 관심은 확대되었으나 구매까지는 연결되지 않는다는 결과와 같다.

연령에 따른 패션상품 구매의도 차이를 보면(<표 41>), 외모관리와 관련된 신상품이 나왔을 때 패션상품 구매의도는 20대가 가장 높이 나타났다. 이 결과는 정보와 유행에 민감한 20대들이 직장인들 사이에서는 유행의 정보원으로 될 수 있으며, 마케터 입장에서는 이를 이용한 모니터링제도나 30·40대를 위한 고급화전략이 필요하다고 사료된다.

　결혼여부에 따른 패션상품 구매의도(<표 42> 참조)는 미혼이 자신의 외
모관리와 관련된 신상품을 구입할 의도가 많았다. 이러한 직장인 여성들
의 특성과 욕구를 잘 파악하여 차별화된 마케팅 전략의 수립이 요구된다.

〈표 40〉 성별에 따른 패션상품 구매의도의 차이

구매의도　　　　　　　　　　　　　　　　　　성 별	남성 (n = 222)	여성 (n = 316)	t
나는 외모관리를 위하여 의복이나 액세서리, 화장품, 헤어 제품 등을 구입할 의향이 있다.	3.54	4.02	7.44***
나는 외모관리와 관련된 신상품이 나오면 구입하고 싶어 진다.	2.96	3.55	7.45***
나는 외모관리와 관련된 광고나 정보를 접하면 그 상품을 사고 싶다.	2.76	3.50	9.72***

*** p < .001

〈표 41〉 연령에 따른 패션상품 구매의도의 차이

구매의도　　　　　　　　　　　　　　　　　　연 령	20대 (n = 294)	30대 (n = 206)	40대 (n = 38)	F
나는 외모관리를 위하여 의복이나 액세서리, 화장품, 헤어제품 등을 구입할 의향이 있다.	3.90a	3.67b	4.00b	6.86*
나는 외모관리와 관련된 신상품이 나오면 구입하고 싶어진다.	3.54a	2.98b	3.26c	23.43***
나는 외모관리와 관련된 광고나 정보를 접하면 그 상품을 사고 싶다.	3.32	3.04	3.05	5.90*

* p < .05, *** p < .001 a, b는 Duncan 검증결과 차이가 있음을 나타냄

〈표 42〉 결혼여부에 따른 패션상품 구매의도의 차이

구매의도　　　　　　　　　　　　　　　　　　결혼여부	미혼 (n = 374)	기혼 (n = 162)	t
나는 외모관리를 위하여 의복이나 액세서리, 화장품, 헤어 제품 등을 구입할 의향이 있다.	3.80	3.86	.855
나는 외모관리와 관련된 신상품이 나오면 구입하고 싶어 진다.	3.39	3.10	3.32**
나는 외모관리와 관련된 광고나 정보를 접하면 그 상품을 사고 싶다.	3.24	3.07	1.87

*** p < .001

4) 인구통계적 변인에 따른 패션아이템 구매 차이

인구통계적 변인인 성별에 따른 패션 아이템 구매의 차이를 보면, 남성보다는 여성이 의복, 액세서리, 화장품, 헤어용품 더 많이 사용하는 것을 알 수 있었다(<표 43> 참조). 연령에 따른 차이에서 의복의 경우, 20대와 40대가 30대보다 더 많이 구매하고 있음을 알 수 있었다. 액세서리는 젊을수록 더 많이 구매하고 있었고, 미혼의 경우는 다른 아이템보다 특히 액세서리에 대한 구매가 높아 나이가 젊을수록 의복과 어울리는 코디네이션의 개념으로 액세서리를 착용함을 알 수 있었다(<표 44>, <표 45> 참조).

〈표 43〉 성별에 따른 패션아이템 구매 차이

구매의도 \ 성별	남성 (n = 222)	여성 (n = 316)	t
의 복	3.86	4.15	4.24***
액세서리	3.32	4.04	9.75***
화장품	2.94	3.92	14.08***
헤어용품	2.75	3.00	3.36**

** $p < .01$, *** $p < .001$

〈표 44〉 연령에 따른 패션아이템 구매 차이

구매의도 \ 연 령	20대 (n = 294)	30대 (n = 206)	40대 (n = 38)	F
의 복	4.14a	3.87ab	4.00b	7.68**
액세서리	3.93a	3.53ab	3.37b	15.56***
화장품	3.64a	3.40ab	3.21b	6.34*
헤어용품	2.90	2.92	2.74	.738

* $p < .05$, *** $p < .001$, a, b는Duncan test 검증결과 차이가 있음을 나타냄

〈표 45〉 결혼여부에 따른 패션아이템 구매 차이

결혼여부 구매의도	미혼 (n = 374)	기혼 (n = 162)	t
의 복	4.08	3.93	2.15*
액세서리	3.84	3.48	4.28***
화장품	3.52	3.49	.34
헤어용품	2.90	2.89	.116

** p<.01, *** p<.001

7. 연구모형의 검증

본 연구모형의 결과를 요약하면 다음과 같다.

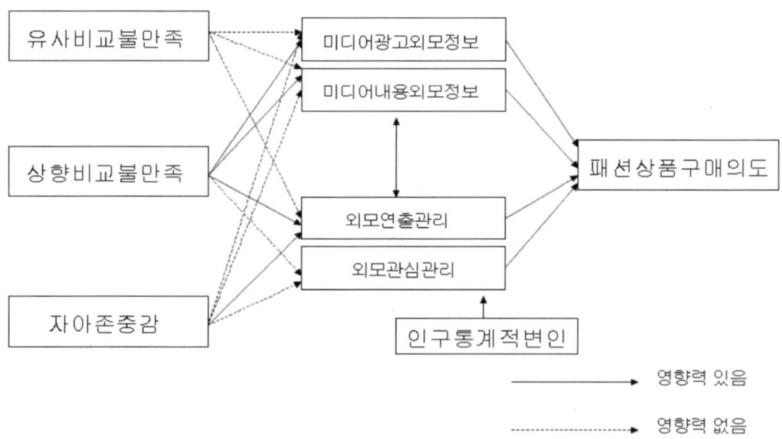

〈그림 5〉 전체 연구모형검증

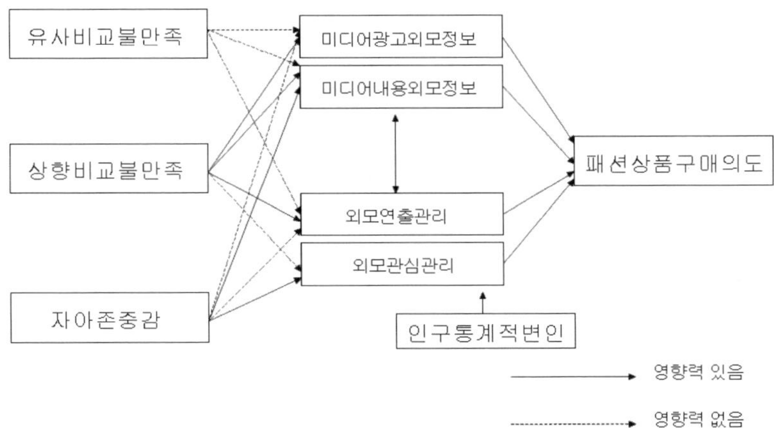

<그림 6> 남성 연구모형검증

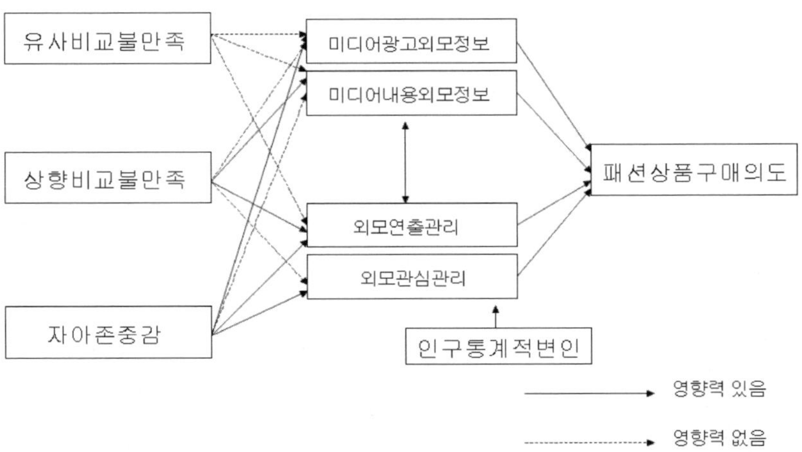

<그림 7> 여성 연구모형검증

V

결론 및 제언

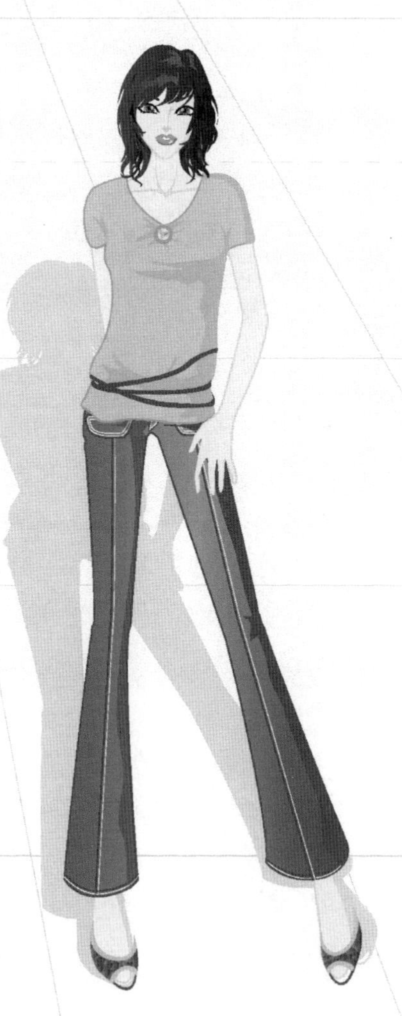

The Effect of The Social Comparison against Appearance
Management Working People's Appearance
Information Conjugate · Appearance Management
and Fashion Product Purchases

1. 연구결과의 요약

본 연구는 사회비교이론을 적용하여 사회비교의 결과로 인하여 발생되는 심리적 정서, 즉 유사비교불만족, 상향비교불만족, 자아존중감이 외모정보활용과 외모관리에 미치는 영향과 이들 변인이 미디어정보와 외모관리에 영향을 미쳐 궁극적으로 패션상품 구매의도에는 어떠한 영향을 미치는지를 알아보는 데 있었다. 이는 외모관리와 관련된 제품기획이나 소비자의 마음에 차별화된 상품 이미지를 심고자 하는 브랜드의 마케팅 차별화 전략을 기본 자료를 제시하고자 하였다. 설계한 연구모형을 실증적으로 분석하기 위하여 설문지법에 의해 직장생활을 하고 있는 20세~40세 남녀 직장인을 분석대상으로 하였다. 수집된 자료를 바탕으로 측정도구들을 평가하였다.

본 연구의 주요 결과는 다음과 같다.

첫째, 직장인의 유사비교불만족, 상향비교불만족, 자아존중감이 미디어외모정보에 미치는 영향은 상향비교불만족만이 미디어정보에 영향을 미치는 것으로 나타났다. 남녀의 차이를 보면, 남성 직장인의 경우 자아존중감이 미디어내용외모정보 음의 영향관계가 나타났다. 이는 자아존중감이 낮은 남성 직장인은 미디어에서 나오는 외모정보에는 관심이 없는 것을 알 수 있었다. 하지만 여성 직장인의 경우는 자아존중감이 미디어광고외모정보에서 유의한 영향이 있었다. 남성과 반대로 자아존중감이 높은 여성 직장인들은 미디어에서 제공되는 외모정보에 더 관심을 기울임을 알 수 있었다. 직장인들에게 큰 영향력을 미치는 사회적 요인인 미디어를 통해 신체적 매력을 지닌 이상화된 모델들과의 비교를 끊임없이 접하게 되고, 심리적으로 현실과 이상 사이에서 자아가 불일치되는 결과를 가져온다. 이는 자신에 대해 불만족한 감정을 자극되고, 그 대상과 닮고 싶어 하는 욕구를 유발하게 됨으로서 미디어에 관심을 갖게 된다. 특히 직장인의 특성상 남들과 비교되는 상황이 자연스럽게 노출되고, 여기에서 오는 심리적인 갈등이 미디어에 관심을 더 기울이게 된다고 생각된다. 이 결과 상품을 기획하는 마케터 입장에서는 직장인의 특성을 잘 파악하여 마켓의 주도적 정보원을 직장인들이 가장 쉽게 접할 수 있는 미디어정보를 찾아 상품을 홍보하는 전략이 필요하다.

둘째, 직장인의 유사비교불만족, 상향비교불만족, 자아존중감이 외모관리에 미치는 영향은 상향비교불만족이 외모관리에 영향을 미치는 것으로 나타났다. 남녀의 차이를 보면, 남성 직장인의 경우는 자아존중감이 외모관심관리에 음의 영향관계를 나타났고, 여성 직장인의 경우는 자아존중감이 외모관심관리, 외모연출관리에 모두 영향력을 나타냈다. 미디어외모정보와 마찬가지로 남성은 자아존중감이 부정적인 사람은 자신의 외모관리를 하지 않고, 여성은 자아존중감이 긍정적일수록 외모관리에 신경 쓰고 긍정적임을 알 수 있었다.

상향비교불만족은 이상과 현실 사이에 차이로 이를 극복하기 위해서 사회적으로 자신이 어떻게 비춰지는지에 대한 관심이 더 많아져 자신의 외모관리에 더 관심을 갖게 되는 것으로 생각된다. 직장인들은 끊임없이 타인과 비교를 강요당하고, 경쟁을 해야 하기 때문에 외모관리에 더욱 관심을 갖는 태도를 보일 것으로 생각된다. 자기향상욕구가 강한 사람일수록 외모관리를 많이 한다는 Bloch, Richins(1992)의 선행연구를 볼 때, 이런 직장인들의 심리를 이용한 마케팅 전략방법은 효과적이라 생각된다. 요즘 TV 홈쇼핑이나 유선방송 등에서 평범한 사람의 외모를 관리하여 다른 모습으로 바꿔 주는 프로그램에서 헤어나 메이크업 등의 외모관리를 받고 바뀌는 모습이 자주 등장한다. 이는 인간의 본연의 남들과 달라 보이고 돋보이고 싶어 하는 욕구를 이용한 마케팅 전략이라 할 수 있다.

마케터의 입장에서는 위의 마케팅 방법에서 더 나아가 소비자의 심리를 읽는 마케팅 전략이 필요하리라 생각된다.

셋째, 미디어외모정보는 외모관리에, 외모관리는 미디어외모정보에 서로 영향을 미치는 상관관계를 나타냈다. 사회비교의 결과 외모의 좋고 나쁨이 미디어의 정보나 미디어에서 보이는 이상적인 모델로 영향을 받게 되는 요즘, 매스미디어인 인터넷이나 TV, 잡지에서 보이는 광고나 정보는 사람들의 외모관리에 가장 큰 영향을 미치고 있음을 알 수 있었다. 대부분들의 직장인들이 미디어정보, 즉 인터넷이나 TV, 잡지 등에서 제공되는 스타들의 외모관리나 다이어트방법, 패션 트랜드 등 외모의 관리에 대한 정보를 수집하고 이상적으로 생각되고 사회적 미의 기준 속에 자신의 신체와 외모에 대해서 지각하고, 맞추어 나감을 알 수 있었다. 따라서 미디어에서 나오는 외모정보는 직장인들의 외모관리에 영향을 미치고, 외모관리에 관심이 있는 직장인들은 당연히 미디어에서 나오는 외모관리정보에 관심을 갖게 된다고 생각된다.

넷째, 미디어외모정보와 외모관리는 패션상품 구매의도에 영향을 미치는 것으로 나타났다. 직장인들은 미디어를 통해 나오는 정보에 의해 까다로운 미의 기준을 가지게 되었고, 이 기준을 갖기 위해 미디어에서 나오는 광고 속의 모델이 입은 의복, 화장품, 헤어스타일에 관심을 갖고, 손쉽게 접하는 미디어 중 인터넷이나 TV, 잡지에서 제공되는 여러 외모관리정보를 접하게 되며, 이는 자연스럽게 패션상품 구매의도로 연결된다. 따라서 미디어외모정보는 직장인들의 패션상품 소비행동에 큰 영향을 미치고 있음을 알 수 있었다. 또한 외모관리도 사회적 비교가 중시되고 있는 현대 사회에서 개인의 심리적 정서에 반응하여 성별에 상관없이 나타나는 특질이라 할 수 있으며, 현재 대부분의 직장인들은 자신의 외모관심이 높기 때문에 외모관리제품들의 구매의도는 자연히 높아질 것으로 생각된다.

2004년 KNP 보고서에 의하면 인터넷을 통한 상품 구매에서 20대, 30대 직장인들의 패션상품 구매율이 다른 연령층보다 높고 재구매의도 또한 높은 것으로 나타나, 인터넷은 직장인들이 자주 활용하는 새로운 유통형태라 할 수 있다. 따라서 마케터는 소비자의 패션상품 구매의도에 큰 영향을 주는 미디어를 활용해 마케팅 전략을 세워야 한다. 외모관리가 패션상품 구매의도에 미치는 영향을 알아보기 위해 회귀분석을 실시하였다. 외모연출관심(β = .416)과 외모정보관심(β = .433)이 패션상품 구매의도에 유의미한 영향을 미치고 있었다. 외모관리는 자기표현의 하나로서 유행의 흐름에 맞춰 자신을 나타내고 자기의미를 찾는 것이다. 특히 직장인에게는 사회적 기준에 맞는 미를 갖춘다는 것은 자신의 능력을 돋보이게 하는 역할을 하므로 매우 중요하다고 할 수 있다.

다섯째, 인구통계적 변인에 따른 미디어정보, 외모관리, 패션상품 구매의도의 차이는 성별, 연령, 결혼의 유무에서 유의한 차이가 나타났다. 남성에 비해 여성이 외모관리에 더 신경을 쓰고 있음을 알 수 있었고, 연령별로는 30, 40대보다는 20대가 자신의 외모에 대해 신경을 쓰고, 자신의 외모에 칭찬해 주는 것을 좋아하였다. 패션상품 구매의도는 20대의 미혼 여성 직장인의 경우 신상품이나 광고를 통해 접하게 되면 외모와 관련된 의복, 액세서리, 화장품, 헤어용품 등 상품을 구매의도가 있음을 알 수 있었다. 그러나 남성 직장인들의 외모에 대한 관심이 높아짐을 알 수 있었으나, 패션상품에 대한 구매의도는 여성 직장인이 더 높았다. 이처럼 점차 패션시장의 개념이 확대되면서 직장인들의 라이프스타일의 특성과 욕구를 잘 파악하여 차별화된 마케팅 전략의 수립이 요구된다. 관심을 가지고 있던 변수 직종은 차이가 없었다. 이는 우리 사회가 외모에 대한 중요성이 커 외모관리에 대한 태도가 사회적으로 직종에 관계없이 사회생활을 하는 데 필수불가결한 요소로 외모관리의 중요성이 강조되고 있음이 사료된다. 이러한 결과로 볼 때, 외모가 경쟁력인 현대 사회에서 미디어를 통해 직장인의 외모관리, 즉 성형수술, 다이어트, 남성의 화장품 사용 등 현재 부정적으로 인식되고 있는 외모 변화에 긍정적인 생각을 가지도록 인식시키는 마케팅 전략 방법을 개발이 중요하다고 사료된다. 예를 들면 외모에 관심이 많은 직장인들을 위해서 계절별로 패션 트렌드를 제안하거나, 적극적인 광고와 프로모션을 전개하야 해야 함을 알 수 있다.

2. 연구의 의의 및 마케팅 시사점

소비자의 욕구에 잘 맞추어진 마케팅 전략은 상품개발 측면에서 가장 중요한 부분이라 할 수 있다. 이를 잘 활용하기 위해서는 우선 소비자의 욕구를 잘 이해하는 것이 매우 중요하다. 마케터들은 소비자의 인구통계학적 요소뿐만 아니라 심리적 요소를 잘 파악하여야 성공적인 마케팅 전략을 세울 수 있다. 요즘은 외모지상주의가 사회에 만연하고 특히 외모의 열풍은 여성뿐만 아니라 남성들에게도 영향을 주어 외모의 개념이 변화되고 있다. 이 같은 변화는 외모관리와 관련된 패션상품 마케팅 전략 변화의 필요성을 의미한다.

이와 같은 시기에 본 연구의 결과는

첫째, 본 연구는 사회비교에 따른 심리적 정서를 밝혀내 의류학에 접목하여 구매행동까지 봄으로써 소비자 직장인들의 태도에 구체적인 설명을 제시하였다는 데 의미가 있다고 본다.

둘째, 그동안은 연구에서는 외모관리와 관련된 심리적 특성을 개인별 특성(individuality) 중 외모관심도, 신체만족도, 성역할 정체감, 자아존중감 등의 변인이 외모관리 및 외모행동에 미치는 영향을 알아보는 것이 대부분이었다. 그러나 본 연구는 사회비교를 통해 나타난 결과변인인 유사비교불만족과 상향비교불만족, 자아존중감과의 영향력을 알아보고 외모관리나 패션상품 구매의도까지 알아보았다. 따라서 본 연구는 사회비교 관련 연구 소재에 작은 변화를 제시하였다.

셋째, 사회적으로 자신의 외모관리에 신경을 많이 쓰고, 구매력이 높은 직장인들을 대상으로 사회비교의 결과변인을 이용하여 소비자 마음 깊숙한 곳에 있는 무의식적인 심리를 알아보고 상향비교불만족, 미디어 정보, 외모관리와 패션상품 구매의도에 영향이 있음을 밝혀냈다. 이 결과는 요즘과 같은 미디어의 중심시대에 소비자들은 더 시각 중심적이

되고 있다.

사회적으로 외모를 중요하게 여기는 소비자들의 심리를 파악하여, 다수의 소비자 대상이 아니더라도 소수의 소비자를 위한 마케팅 방법이 개발되어야 한다. 앞으로는 패션상품이 유행의 개념을 넘어 개인의 만족감과 나아가서는 인간의 부정적인 심리까지도 치료할 수 있는 단계의 마케팅 전략방법이 나와야 함을 시사한다.

넷째, 본 연구결과 직장인들의 외모관리와 패션상품 구매의도를 알아보았다. 이는 앞으로 성장의 한계에 있는 여성 시장에서 벗어나, 마케터 입장에서는 최근 남성들의 외모관리에 대한 관심이 현저히 늘어나면서 올해 트랜드 중 하나로 꼽히고 있는 메트로 섹슈얼 경향과 웰빙 열풍에 힘입어 남성 의복이나 화장품 시장은 매년 높은 성장세를 보이며 주목되는 시장으로 부각되고 있다. 따라서 본 연구는 직장인들의 성별로 심리적 변인에서 구매행동까지 비교 제시하였다는 데 의의가 있다. 남성 직장인들의 특성, 즉 심리적 특성이 패션상품 구매까지 이르는 과정을 예측할 수 있어 경쟁자들보다 앞선 준비를 할 수 있음을 시사한다.

3. 연구의 한계 및 후속 연구 제언

본 연구는 모형의 설계와 연구방법에 있어 다음과 같은 제한점을 갖는다.

첫째, 사회비교이론의 결과변수였던 자아존중감을 사회비교에 대한 동기차원에서 긍정적 자아존중감만 보았는데 부정적인 문항도 포함하였다면 기존 연구들에 부응하는 결과를 얻을 수도 있었을 것이라 생각된다. 또한 사회비교의 대상의 설정이나 자아평가나 자아개선, 자아고취의 개념을 적용하여 조사하였다면 더욱 의미 있는 결과를 제시할 수 있었을 것이라 생각된다. 따라서 후속 연구에서는 시장 세분화의 기초 자료가 될 수 있는 사회비교를 왜 하는지의 동기나 어떤 상황에서 사회비교의 결과가 생겨나 외모관리나 구매의도 영향을 주는지에 대한 연구가 필요하다고 생각된다.

둘째, 본 연구에서 기본 이론인 사회비교이론에서 제시했던 변인들 간의 관계에 대한 기존 연구는 있지만, 이 연구들이 의류학이 아닌 사회 심리분야이고 변인들 간의 전체적인 영향력 관계에 대한 기존의 연구는 없었다. 이렇게 논문의 전체적 틀을 뒷받침하는 기존 연구가 없다는 것은 본 연구가 실험적인 성격을 갖는다는 것을 의미한다. 따라서 본 연구의 결과를 일반화하기가 쉽지 않다는 한계점도 갖는다.

셋째, 본 연구의 결과 사회비교이론의 부정적 결과변인인 유사비교불만족과 상향비교불만족은 유의한 영향관계가 있었고, 유사비교불만족과 자아존중감 변수 사이에는 음의 영향관계가 나타났다. 또 상향비교불만족과 자아존중감 사이에는 영향관계가 없었다. 이 결과로 직장인들이 일차적으로 가장 비교하게 되는 대상은 친구나 회사 동료이며, 유사비교불만족으로 자아존중감은 영향을 받는다는 결과를 알 수 있었다. 이상적인 모델과의 비교는 자신의 외모관리를 하기 위해 보다 낮은 대상을 모델로 하여 미디어나 외모에 관심을 갖고, 패션상품까지 구매한다는 결과로 볼 때, 본 연구는 세 변수들 간의 관계에 대한 해석에 한계가 있다.

넷째, 서울에 근무하는 직장인들을 대상으로 했고, 일시적인 기간에 조사한 자료이기 때문에 확대 해석하는 데에는 한계가 있다. 특히 개인적인 특징 중에 직종에 따라 많은 차이가 있을 것이라 생각되었는데, 연구자의 기대와는 달리 차이가 없었다. 따라서 예비조사로 직종별로 질적 연구가 필요하다는 생각이 든다.

다섯째, 패션상품 구매의도에 영향을 주는 요인 중 외모정보활용에서 미디어라는 매체가 중요성만 보았다. 하지만 요즘 중요시되고 있는 인적판매, 즉 입소문이나 동료나 친구, 가족의 영향력은 본 연구에서 다루지 않았다. 따라서 후속 연구에서는 이 부분에 대한 기초적이고 체계적인 조사가 필요하다고 생각된다.

여섯째, 패션상품의 구매의도에 영향을 미치는 요인은 여러 가지가 있을 수 있다. 본 연구에서는 인간의 심리적 요인과 그 요인에 영향을 미치는 매개변인에 대한 연구였다면, 후속 연구에서는 본 연구에 사용했던 요인과 다른 요인에 대한 심도 있는 조사가 필요하다고 생각된다.

따라서 향후 연구에서는 본 연구의 한계점을 극복한 사회비교이론변수의 세분화, 표집 대상 지역의 다양한 선정, 응답자를 대상으로 설문에 대한 질적 조사 고려를 제안하고 싶다.

참고문헌

강혜원 (1995). 의상사회심리학. 서울: 교문사.

고애란 심정은 (1997). 청소년기 여학생의 의복행동에 대한 자의식과 신체태도 및 체중조절행동의 영향 연구. 생활과학논집, 11('97. 6), 15－29.

고정기 (1993). 잡지 출판의 이론과 실제. 서울: 보성사.

김광경 이숙녀 (1989). 남성 성역활 스트레스와 의복행동과의 상관연구. 한국의류학회지, 13(4), 339－346.

김광경 이금실 정미실 (2001). 다차원적 신체이미지가 의복행동에 미치는 영향. 한국의류학회지, 13(4), 358－365.

김광옥 (1998). 지방자치시대의 지역매체정책의 방향. 사회과학논집, 10, 1－14.

김교헌 (1995). 대학생과 교사용 분노생활 사건척도. 학생생활연구, 22('95. 2), 28－50.

김교헌 한덕웅 (1996). 자기노출의 목표, 자발성 및 분노억제경향이 생리적 각성, 정화 및 평가에 미치는 효과. 한국심리학회지, 1(1), 66－88.

김남재 (2000). 대인불안과 사회적 자기불일치. 심리학회지, 19(3), 473－483.

김미옥 (2002). 중년여성의 지각활 스트레스와 자아존중감 및 우울의 관계. 전인간호과학연구학술모음집, 97－113.

김민지 (2000). 매스미디어가 학령기 아동의 의복행동에 미치는 영향: 서울 시내 초등학교 4, 5, 6학년을 중심으로. 한양대학교 대학원 석사학위논문.

김선남 (2000). 한국 잡지매체의 이해와 전망. 한국출판학연구, 42, 103－126.

김양진 (1996). 유행 의복이미지가 개인의 자아개념과 의복태도에 미치는 영향. 연세대학교 대학원 박사학위논문.

김유성 (2002). 국내 패션잡지 뷰티기사의 소비자 영향에 관한 분석연구. 한성대학교 예술대학원 석사학위논문.

김윤정 (1992). 여대생의 상품 구매 시 정보탐색 및 정보활용에 관한 연구. 숙명여자대학교 대학원 석사학위논문.

김정기 박동숙 (1999). 매스미디어와 수용자. 서울: 커뮤니케이션 북스.

김정미 (2006). 남자 고등학생의 성역할 정체감과 이성에 대한 관심이 외모관리태도에 미치는 영향. 전남대학교 대학원 석사학위논문.

김재희 정삼호 (1995). 유행스타일을 중심으로 한 사무직 남성의 의복태도와 성역할 태도와의 상관연구. 한국의류학회지, 19(1), 129－141.

김종기 (2005). 대학생의 매스 미디어 선호도와 스포츠 소비행동 분석. 세종대학교 교육대학원 석사학위논문.

김주희 (2006). 남성 소비자의 가치추구와 패션의식에 따른 의류쇼핑행동 연구. 경성대학교 대학원 박사학위논문.

김지현 (2000). 남성집단의 의복추구혜택에 따른 쇼핑성향과 정보원에 관한 연구. 한국의류학회지, 24(1), 49－54.

김학렬 조용래 임일모 (1995). 자기불일치와 심리적 불편감의 관계. 대한신경정신과학회, 34(5), 1416－1431.

과학으로 본 얼짱과 몸짱 열풍. (2004. 12. 3). 국립중앙과학관 과학토픽. 자료검색일 2006. 9. 10, 자료출처 http://www.science.go.kr

나은영 (2002). 인간 커뮤니케이션과 미디어. 한나래.

도은주 (2001). 잡지광고에 있어서 색채이미지가 소비자의 구매의도에 미치는 영향 연구: 2000년 패션잡지광고를 중심으로. 성신여자대학교 조형대학원 석사학위논문.

루키즘 (2002. 8. 12). 국제신문. 자료검색일 2006. 9. 12, 자료출처 http://www. kookje.co.kr

문혜경 (2002). 심리적 특성과 의복태도 및 화장도와의 관계. 대전가톨릭대학교대학원 의류학과 박사학위논문.

문혜경 유태순 (2003). 자아존중감, 외모관심도와 의복태도 및 화장도에 관한 연구. 복식, 53(4), 101－112.

박아청 (1998). 비교문화적 관점에서 본 '자기'의 개념. 상명대학교 인문과학연구소, 31, 115－128.

서화숙 (2002). 여대생들의 체중조절경험과 신체적 특성에 따른 신체만족도 및 의복만족도 외모관리행동에 관한 연구. 상주대학교 산업대학원 석사학위논문.

신정숙 (2004). 다이어트복의 기능성 소재를 이용한 다이어트 효과에 관한
　　연구. 한국의상디자인학회 학술대회지, 89－92.
신효정 (2002). 현대여성의 아름다운 외모에 대한 질적 연구: 화장, 헤어스
　　타일, 신체이미지, 의복을 중심으로. 한국의류학회 학술대회지, 한
　　국의류학회 02 섬유패션산업의 비전, 67－68.
신현영 이인자 (2000). 정신장애자를 대상으로 한 의상치료 효과(제1보).
　　한국의류학회지, 24(7), 1088－1099.
이명희 이은실 (1997). 인구통계적 변인에 따른 노년여성의 외모관심과 자
　　신감에 관한 연구. 한국의류학회지, 21(6), 1072－1081.
이부희 고애란 김양진 (1996). 남녀 중고등학생의 심리적 특성과 의복행동
　　과의 관계: 자아중심성, 자의식, 신체만족도를 중심으로. 대한가정
　　학회지, 111('96. 10), 131－144.
이수경 고애란 (2006). 외모향상추구행동에 관한 질적 연구. 한국의류학회
　　지, 30(1), 59－70.
이수경 고애란 김희창 (2000). 청소년기 여학생의 심리적 특성과 또래수용
　　이 의복행동에 미치는 영향. 대한가정학회지, 38(11), 59－68.
이시연 (2005). 신체이미지 관고의 노출이 20대 여성 수용자의 기분과 신
　　체불만족에 미치는 영향. 이화여자대학교 정책과학대학원 석사학위
　　논문.
이애숙 (2003). 전문대학 미용관련학과 학생들의 신체만족도와 외모관심도
　　에 대한 조사연구. 중앙대학교 의약식품대학원 석사학위논문.
이은영 (1991). 대학생들의 실제적 자기, 이상적 자기, 의무적 자기에 대한
　　내용 분석. 한양대학교 정신건강연구소, 10, 195－209.
이은미 (1986). 생산직 근로여성의 자아수용성과 의복행동과의 상관연구.
　　연세대학교 교육대학원 석사학위논문.
이주영 이선재 (1996). 신세대 여성의 진바지 착용태도와 정보원 활용에
　　관한 연구. 한국의류학회지, 20(2), 336－349.
이화순 (2002). 화장의 사회·심리적 기대효과에 따른 화장이미지와 자의
　　식에 관한 연구. 대한복식학회, 52(8), 137－149.
이현옥 (2006). 여성의 외모관리 행동의 동기연구－성형수술, 비만체형관리

사례를 중심으로. 한국의류산업학회, 8(1), 113-122.

장은영 (1997). 비교대상의 선택에서 환류유형, 비교특성 및 통제감의 효과. 성균관대학교 대학원 석사학위논문.

장은영 (2004). 사회비교 동기와 충족수준이 비교대상의 선택과 정서에 미치는 영향. 성균관대학교 대학원 박사학위논문.

장은영 한덕웅 (1999). 비교대상의 선택에서 환류유형, 비교속성 및 통제감의 효과. 한국심리학회 '98 연차대회 학술발표논문집, 461-476.

전준선 (2006). 고등학생의 외모만족도와 간접적으로 지각한 사회적지지 및 자기효능감과의 관계. 서강대학교 교육대학원 석사학위논문.

정진애 (2004). 광고 모델 신체이미지 비교가 구매의도에 미치는 영향. 서강대학교 대학원 박사학위논문.

정승재 (1998). 청소년 문화의 건전화를 위한 방송의 역할 제고. 방송연구, 47, 308-317.

정인식 (2004). 매체 특성에 따라 광고 수용자의 수용태도가 마케팅 성과에 미치는 영향에 관한 연구: 인터넷을 중심으로. 연세대학교 경영대학원 석사학위논문.

조선명 (2000). 외모에 대한 사회·문화적 태도와 신체이미지가 의복추구혜택특성. 연세대학교 대학원 석사학위논문.

차배근 (1997). 설득 커뮤니케이션 개론. 서울: 나남.

한경미 (2006). 만성 신부전 환자의 심리적 적응과 사회비교추구성향, 통제감 간의 관계. 중앙대학교 대학원 석사학위논문.

한국여성민우회 (2003). 한국여성민우회온라인소식지. 2003. 4. 5월호. 자료검색일 2006. 9. 12, 자료출처 http://www.womenlink.or.kr

한규석 (2004). 사회심리의 이해. 서울: 학지사.

한덕웅 (1999). 사회비교의 목표와 성공/실패 경험에 따른 비교대상의 선택. 한국심리학회 '98 연차대회 학술발표논문집, 447-460.

한덕웅 엄광은 (2002). 사회비교에서 실패와 향상가능성에 따른 부정적 정서경험. 한국심리학회지 사회 및 성격, 16(2), 75-87.

한덕웅 장은영 (2001). 내집단과 개인의 수행환류가 자기평가에 미치는 영향. 한국심리학회지 사회 및 성격, 15(7), 167-183.

허강우 (1998. 3. 21). 신기능성 파우더 대거 출현. 장업신보, 178, 대한화
    장품공업협회, 37.
홍대식 (1986). 삼원적 사회관계에서의 인지적 – 감정적 반응의 역학과 대
    인관계의 과정. 한국심리학회, 2(2), 61 – 93.
홍병숙 정미경 (1993). 여성 수트의 이미지 구성요인에 관한 연구. 한국복
    식학회지, 41, 107 – 116.
황인정 (1993). 원아학부모원장이 선호하는 유치원 교사의 체형과 이상적
    인 외모에 관한 연구. 숙명여자대학교 교육대학원 석사학위논문.
차배근 (1997). 매스 커뮤니케이션 효과이론. 서울: 나남출판.
최정원 (2003). 주5일 근무 직장인의 라이프스타일과 의복구매행동에 관한
    연구. 숙명여자대학교 대학원 석사학위논문.
Kaiser S. B. (1989). The Social Psychology of Clothing. 김순심외 역, 서
    울: 경춘사.

국외문헌

Baker, M. J., & G. A. Churchill, Jr. (1977). The Impact of Physically
    Attractive Models on Advertising Evaluations. Journal of marketing
    Research, 14(Nov.), 538 – 555.
Banaji, M. R. & D. A. Prentice (1994). The Self in Social Contexts. Annual
    Review of Psychology, 45, 297 – 332.
Berscheid, E., & Walster, E. (1974). Physical Attractiveness In I. Berkowitz(ED).
    Advance in Experimental Social Psychology, 34, New York: Academic
    Press.
Berscheid, E., K. Dion, E. Walster, & G. W. Walster (1971). Pshysical Attractiveness
    and Dating Choice: A Test of Matching Hypothesis. Journal of Experimental
    Social Psychology, 7.
Beyer, S. (1990). Gender Differences in the Accuracy of Self – evaluation of

Performance. Journal of Personality and Social Psychological, 59(5), 960 − 970.

Bloch, p. H., Richins, M. K. (1992). You Look "Marvelous": The Pursuit of Beauty and the marketing concept, Psychology and Marketing, 9, 3 − 15.

Brown, J. D., Collins, R. L., & Schmidt, C. W.(1988). Self − esteem and dict versus forms of self − enhancement. Journal of Personality and Social Psychology, 22, 445 − 453.

Cash, T. F.(1988). The Psychology of Cosmetics: A Research Bibliography. Perceptual and Motor Skills, 66, 455 − 460.

Cash, T. F. (1994). The Multidimensional Body − Self Relations Questionnaire. Unpublished Manual.

Cash, T. F. & T. Pruzinsky (1990). Body Images: Development, Deviance and Change. N. Y: Guilford.

Cash, T. F., B. A. Winstead, & L. J. Jand (1986). The Great American Shape − up, Psychological Today, 20.

Cash, T. F. & T. Pruzinsky (1990). Body Image Disturbance, Assessment and Treatment. Pergamon Press.

Chaiken, S., & p. Pliner (1987). Women, but Not Men, Are What They Eat: the Effect of Meal Size and Gender on Perceived Femininity and Masculinity. Personality and Social Psychology Bulletin, 13(2), 166 − 176.

Collins, R. L. (1996). For Better or Worse: the Impact of Upward Social Comparison on Self − Evaluations. Psychological Bulletin, 119(1), 51 − 69.

Eagly, A. H. (1979). Analysis of Sex Differences in Influencablity, Paper presented at the meeting of the Association for Women in Psychology, Dallas, March.

Festinger, L. (1954). A Theory of Social Comparison Process. Human Relations, 7, 117 − 140.

Fujita, F., E. Diener & E. Sandvik (1991). Gender Differences in Negative

Affect and Well−Being: The Case for Emotional Intensity, Journal of Personality and Social Psychology, 61(3), 427−434.

Gibbons, F. X., & McCoy, S. B. (1991). Self−esteem, similarity, and reactions to active versus passive downward comparison. Journal of Personality and Social Psychology, 60, 414−424.

Goethals, G. R. and J. Darley (1977). Social Comparison Process; Theoretical and Empirical Perspectives, In J. M. Suls & R. L. Miller (eds.), Social Comparison Theory: An Attributional Approach, Washington, DC: Hemisphere.

Halloran, J, p.(1965). The Effects of Mass Communication. Leicestor Univ.

Helgeson, V. S., Michelson, K. D. (1995). Motives for Social Comparison, Personality and Social Psychology, 21, 1200−1209.

Higgins, E. T. (1987). Self−Discrepancy: A Theory Relating Self and Affect. Psychological Review, 94, 319−340.

Higgings, E. T. (1990). Personality, Social Psychology and Personal− Situation Relations: Standards and Knowledge Activation as a Common Language, in L. Pervin (ed.), Handbook of Personality, New York; Guilford Press.

Higgins, E. T., Strauman, T., & Klein, R. (1986). Standards and the Process of Self−evaluation: Multiple Affects from Multiple Stages, in R. M. Sorrentino & E. T. Higgins (eds.), Handbook of Motivation and Cognition: Foundations of Social Behavior, New York: Wiley.

Holyoak, K. J., and Gordon, p. C. (1983). Social Reference Points, Journal of Personality and Social Psychological, 44, 881−887.

Houston, D. A., Sherman, S. J., & Baker, S. M. (1989). The Influence of Unique Features and Direction of Comparison on Preferences. Journal of Experimental Social Psychology, 25, 121−141.

Ingram, R. E., Cruet D. Johnson B. R., & Wisnicki K. S. (1988). Self− focused Attention, Gender, Gender Role and Vulnerability to Negative Affect. Journal of Personality and Social Psychology, 55(6), 967−978.

Jones, E. & R. Baumeister (1976). The Self－monitor Looks at the Ingra－diator. Journal of Personality, 44.

Kaiser, S. B. (1990). The Social Psychology of Clothing: symbolic appearance in context(2nd ed.). New York: Macmillan.

Labit, K. L., DeLong, M. R. (1990). Body cathexis and satisfaction with fit of apparel. Clothing and Textiles Research Journal, 8(2), 43－48.

Lasswell, H. D. (1948). The Structure and Function of Communication in Society. in L. Bryson(ed.). The Communication of Ideas. N. Y.: Rando House.

Levit, D. B. (1991). Gender Differences in Ego Defenses in Adolescence: Sex Roles as a on Way to Understand the Differences. Journal of Personality and Social Psychology, 61, 992－999.

Lennon, S. J. (1998). Physical Attractiveness, Age, and Body Type. Home Economics Research Journal, 16(3), 195－204.

Lerner, R., James B. O., & John R. K. (1976). Physical Attractiveness, Physical Effectiveness, and Self－Concept in Late Adolescents. Adolescence, 11(43).

Martin, M. C. & James, W. G. (1997). Stuck in the Model Trap: The Effects of Beautiful Models in Ads on Female Pre－Adolescents and Adolescents. The Journal of Advertising, 16(2: summer), 19－33.

Markus, H., R. Mill & K. Sentis (1987). Thinking Fat: Self－schemas for Bodyweight and the Processing of Weight Relevant Information. Journal of Applied Social Psychology, 17(1).

Mathes, E. W. & A. Kahn (1975). Physical Attractiveness, Happiness, Neuroticism and Self－esteem. The Journal of Psychology, 90.

Mead, G. H. (1934). Mind Self, and Society. Chicago: The univ. of Chicago Press.

Miller, L. C., & Cox, C. L. (1982). For Appearance's Sake: Public Self－Consciousness and Make－up Use. Personality and Social Psychology Bulletin, 8, 748－751.

Pedhazur, E. J., Schmelkin, L. p.(1991). Measurement, design, and analysis:

An integrated approach. Earlbaum, Hillsdale, NJ.

Pliner, P., S. Chaiken & G. Flett (1990). Gender Differences in Concern with Body Weight and Physical Appearance over the Life Span. Personality and Social Psychology Bulletin, 16(2), 263－273.

Rassuli, K. M. & Hollander, S. C. (1986). Desire－Induced, Innate, Insatiable? Journal of Macro－Marketing, 6, 4－24.

Reis, T. J., & Gibbons, F. X. (1993). Social comparison and the pill: Reactions to upward and downward comparison of contraceptive behavior. Personality and Social Psychology Bulletin, 19, 13－20.

Richins, M. L. (1995). Social Comparison, Advertising, and Consumer Discontent, American Behavioral Scientist, 38(4), Feb.

Richins, M. L. & S. Dawson (1992). A Consumer Values Orientation for Materialism and Its Measurement: Scale Development and Validation. Journal of Consumer Research, 19, 303－316.

Rosenberg, M. (1979). Conceiving the Self. N. Y.: Basic Book.

Safire, W. (2000). On Language. New York Times Magines.

Schachter, S. (1959). The Psychology of Affiliation, Stanford. CA: Stan－ford University Press.

Schramm, W., Lyle, J., & Parker, B. (1961). Television in the Lives of Our Children. California: Stanford University Press.

Shim & Drade (1988). Apparel Selection by Employed Women: A Typology of Information Search Pattern, Clothing & Textiles Research Journal, 6(2), 1－9.

Snyder, M., E. Berscheid, & p. Glick (1985). Focusing on the Exterior and the Interior: Two Investigations of the Initiation of Personal Relationships. Journal of Personality and Social Psychology, 48.

Solomon, M. R. (1983). The Role of Products as Social Stimuli: A Symbolic Interactionism Perspective. Journal of Consumer Research, 10(Dec.), 308－325.

Stone, G. P., Roach, J. R., & Eicher, M. E. (1965). Appearance and the

Self, Dress, A Dornment and the Social Order. New York: John Wiley & Sons, Inc.

Taylor, S. E., Lobel, M. (1989). Social Comparison Activity and Threat: Downward evaluating and upward contacts. Psychology Review, 96, 569−575.

Thompson, J. K. (1990). Body Image Disturbance, Assessment and Treatment. Pergamon Press.

Thompson, S. C., & Crocker, J. (1990). Downward social comparison in minimal group situation. Journal of Applied Social Psychology, 20, 1167−1184.

Wills, T. A. (1981). Downward Comparison principle in Social Psychology. Psychology Bulletin, 90, 245−271.

Winstead, B. A. & T. F. Cash (1984). Reliability and Validity of the Body− self Relations Questionnaire: A New Measure of Body Image. paper presented at the meeting of the Southeastern, Psychology Association, New Orleans, LA.

Wheeler, L., Koestner, R., & Drever, R. E. (1982). Related attributes in the choices of comparison others. Journal of Experimetal Social Psychology, 18, 489−500.

Wood, J. V. & K. L. Taylor (1991). Serving Self−Relevant Goals Social Comparison, in J. Suls & T. A. Wills (eds.), Social Comparison: Contemporary Theory and Research, Hillsdale, N. J.: Lea, 23−50.

Wright, C. R. (1966). Mass Communication: An Introduction to the study on Communication. N. Y: Harper & Row.

Zajonc, R. B. (1980). Feeling and Thinking, Preference Need no Inferences, American Psychologist, 35, Feb, 151−175.

부록: 설문지

안녕하세요?

본 설문지는 박사학위 논문의 자료수집을 위하여 직장 남·여의 외모관리 및 패션상품 구매의도에 영향을 주는 심리적 특성을 알아보고자 작성된 것입니다.

귀하의 성실한 응답은 소중하고 유용한 자료이오니 귀하의 의견을 한 문항도 빠짐없이 작성해 주시면 감사하겠습니다. 응답 내용은 무기명으로 통계처리되며, 학문적인 목적이외에는 절대로 사용되지 않을 것임을 약속드립니다.

설문에 응해 주셔서 진심으로 감사드립니다.

2006년 9월

중앙대학교 대학원 의류학과
지도교수: 홍 병 숙 교수
연 구 자: 백 인 선(insun018@empal.com)

사람들은 때때로 이상적인 모델이나 다른 사람들과 자신을 비교합니다. 예를 들어, 자신의 전체적인 인상이나 외모, 패션스타일 등을 이상적인 광고 모델이나 다른 사람들과 비교합니다. 이러한 비교를 통한 긍정적 혹은 부정적인 감정이 외모관리나 패션상품 구매에 영향을 미칠 수 있으므로, 귀하가 이상적인 모델이나 다른 사람과 비교하는 상황에서의 감정적 경험에 대하여 알아보고자 합니다. 아래의 각 문항을 자세히 읽고, 각 문항마다 얼마나 동의하는지를 해당 번호에 표시하여 주십시오.

문 항	전혀 아니다	아니다	보통 이다	그렇다	매우 그렇다
1	나는 주변 사람들보다 외모가 뒤떨어진다.	①	②	③	④	⑤
2	주변 사람들과 비교하여 나는 그다지 매력적이지 않다.	①	②	③	④	⑤
3	나는 주변 사람들이 나보다 잘생기고 예쁘다고 생각한다.	①	②	③	④	⑤
4	나는 외모나 패션스타일, 화장, 헤어스타일 등이 주변 사람들과 비교하여 불만스럽다.	①	②	③	④	⑤
5	나는 외모관리나 스타일 연출에 있어 주변 사람들의 영향을 많이 받는다.	①	②	③	④	⑤
6	나는 광고를 보면서 나의 외모나 스타일에 불만을 느낀 적이 있다.	①	②	③	④	⑤
7	나는 화장품 광고를 보면서 외모나 화장, 피부상태 등에서 광고 모델과 나와의 차이를 느낀 적이 있다.	①	②	③	④	⑤
8	나는 패션광고를 보면서 패션 스타일이나 외적인 모습 등에서 광고 모델과 나와의 차이를 느낀 적이 있다.	①	②	③	④	⑤
9	TV의 스타나 잡지 광고 등을 보면서 나의 모습이 얼마나 형편없는지 차이를 느낀 적이 있다.	①	②	③	④	⑤
10	광고 모델의 매력적인 몸매와 비교하여 내 몸매는 그다지 매력적이지 않다.	①	②	③	④	⑤
11	이상적으로 여기는 모델과 나 자신 사이에는 많은 차이가 있다.	①	②	③	④	⑤

> 다음은 자신에 대한 평가에 관한 내용입니다. 아래의 각 문항을 자세히 읽고, 각 문항마다 얼마나 동의하는지를 해당 번호에 표시하여 주십시오.

문 항	전혀 그렇지 않다	그렇지 않다	보통 이다	그렇다	매우 그렇다
1	나는 좋은 점을 많이 지니고 있다.	①	②	③	④	⑤
2	나는 나에게 만족하는 편이다.	①	②	③	④	⑤
3	나는 남들이 하는 만큼은 일을 할 수 있다.	①	②	③	④	⑤
4	나는 나를 존중하는 편이다.	①	②	③	④	⑤
5	나는 적어도 다른 사람만큼은 가치가 있다.	①	②	③	④	⑤

> 다음은 외모관리에 대해 알아보는 내용입니다. 아래의 각 문항을 자세히 읽고, 각 문항마다 얼마나 동의하는지를 해당 번호에 표시하여 주십시오.

문 항	전혀 아니다	아니다	보통 이다	그렇다	매우 그렇다
1	나는 유행에 맞춰 스타일을 연출하는 편이다.	①	②	③	④	⑤
2	나는 머리끝에서 발끝까지의 스타일 조화에 관심이 많다.	①	②	③	④	⑤
3	나는 외모에 대하여 자주 생각한다.	①	②	③	④	⑤
4	나는 외모에 매우 관심이 많다.	①	②	③	④	⑤
5	나는 다른 사람들이 나의 외모를 칭찬하는 것이 기쁘다.	①	②	③	④	⑤

> 다음은 외모관리나 패션상품 구매 시 미디어의 영향에 대한 내용입니다. 여기서 미디어는 TV·라디오·신문·잡지·TV홈쇼핑·인터넷 등의 광고나 정보를 의미하고, 외모관리란 피부 관리는 물론 화장·의복·액세서리·헤어 등으로 외모를 관리하는 것을 뜻하며, 이와 관련된 제품이 외모관리제품입니다. 아래의 각 문항을 자세히 읽고, 각 문항마다 얼마나 동의하는지를 해당 번호에 표시하여 주십시오.

문 항	전혀 아니다	아니다	보통 이다	그렇다	매우 그렇다
1	나는 미디어를 통해 외모관리와 관련된 광고 내용 및 정보를 접하면 외모관리를 하고 싶어진다.	①	②	③	④	⑤
2	미디어의 외모관리에 관한 정보는 나의 외모관리에 도움을 준다.	①	②	③	④	⑤
3	외모와 관련된 새로운 정보가 나오면 나는 호기심을 갖고 주의 깊게 본다.	①	②	③	④	⑤
4	외모관리와 관련된 제품의 광고는 나에게 흥미롭다.	①	②	③	④	⑤
5	내가 좋아하는 광고 모델이 선전하는 외모관리 관련 상품을 자주 구입한다.	①	②	③	④	⑤
6	나는 미디어를 통해 외모관리나 스타일 연출, 이와 관련된 패션상품에 관한 광고정보를 많이 접한다.	①	②	③	④	⑤
7	나는 미디어를 통해 외모관리 관련 상품을 광고하는 회사를 오래 기억하는 편이다.	①	②	③	④	⑤
8	나는 미디어에서 접한 외모관리 관련 정보를 주변 사람들에게 자주 이야기한다.	①	②	③	④	⑤

다음은 외모관리나 패션상품 구매 정보원(미디어)에 대한 내용입니다. 아래의 각 문항을 자세히 읽고, 각 문항마다 얼마나 동의하는지를 해당 번호에 표시하여 주십시오.

문 항	전혀 아니다	아니다	보통 이다	그렇다	매우 그렇다
1	TV, 라디오 등의 광고나 정보	①	②	③	④	⑤
2	신문, 잡지 등의 광고나 정보	①	②	③	④	⑤
3	TV 홈쇼핑의 광고나 정보	①	②	③	④	⑤
4	인터넷의 광고나 정보	①	②	③	④	⑤
5	핸드폰 문자메시지(SMS)의 광고나 정보	①	②	③	④	⑤

다음은 패션상품 구매의도에 대한 내용입니다. 여기서 패션상품이란 외모관리와 관련된 상품으로서 의복, 액세서리, 화장품, 헤어제품 등을 의미합니다. 아래의 각 문항을 자세히 읽고, 각 문항마다 얼마나 동의하는지를 해당 번호에 표시하여 주십시오.

	문 항	전혀 아니다	아니다	보통 이다	그렇다	매우 그렇다
1	나는 외모관리를 위하여 의복이나 액세서리, 화장품, 헤어제품 등을 구입할 의향이 있다.	①	②	③	④	⑤
2	나는 외모관리와 관련된 신상품이 나오면 구입하고 싶어진다.	①	②	③	④	⑤
3	나는 외모관리와 관련된 광고나 정보를 접하면 그 상품을 사고 싶다.	①	②	③	④	⑤

다음은 의복, 액세서리, 화장품, 헤어제품 등 패션상품의 구매의도에 대한 내용입니다. 아래의 각 문항을 자세히 읽고, 각 문항마다 얼마나 동의하는지를 해당 번호에 표시하여 주십시오.

	문 항	전혀 아니다	아니다	보통 이다	그렇다	매우 그렇다
1	의복 (정장, 셔츠, 팬츠 등)	①	②	③	④	⑤
2	액세서리 (목걸이, 반지, 시계, 구두, 가방 등)	①	②	③	④	⑤
3	화장품 (스킨, 로션, 팩, 립스틱 등)	①	②	③	④	⑤
4	헤어제품 (무스, 트리트먼트, 스프레이 등)	①	②	③	④	⑤

> 다음은 인구통계적 특성에 관한 내용입니다. 아래의 각 문항을 자
> 세히 읽고, 일치하는 곳에 표시하거나 직접 기입하여 주십시오.

1. 귀하의 연령은?

　　　만　　　세

2. 귀하의 거주지는?

3. 귀하의 성별은?

① 남성　　　　② 여성

4. 귀하의 결혼 여부는?

① 미혼　　　　② 기혼　　　　③ 결혼했으나 이혼 혹은 사별

5. 귀하의 최종학력은?

① 고등학교졸업 이하　　　　② 전문대학교 졸업

③ 대학교 졸업　　　　④ 대학원 재학 이상

6. 귀하의 월 평균 개인 소득은 얼마인가요?

① 100만 원 미만　　　　② 100만 원－300만 원 미만

③ 300만 원－500만 원 미만　　　　④ 500만 원－700만 원 미만

⑤ 700만 원－900만 원 미만　　　　⑥ 900만 원 이상

7. 귀하가 근무하는 직장은 다음 중 어디에 속하나요?

①	대기업	현대, 삼성 등과 같이 대규모의 생산자본과 판매조직을 갖춘 기업
②	중소기업	상시종업원 수가 200명~300명 정도인 기업으로서, 대기업의 하청기업이나 계열기업, 제조나 가공, 유통, 의류, 수공예품, 서비스업, 식품, 섬유 등
③	소규모기업	상시종업원 수가 20명 이하인 기업
④	벤처기업	첨단의 신기술과 아이디어를 개발하는 기술 집약형 중소기업
⑤	관공서	국가 또는 지방자치단체의 기관
⑥	외국계기업	다국적기업이 합작 또는 단독으로 국내에 진출한 형태의 기업
⑦	교육기관	중·고등학교, 대학교 등 교육과 관련된 기관
⑧	기타	직접 기입해 주세요( )

8. 귀하는 다음 중 어느 직종에서 근무하나요?

① 일반 사무직	(계장급 이하)회사원, 은행원, 일반 공무원, 사회단체직원 등
② 경영 / 관리직	(과장급 이상)기업체 간부, 고급 공무원, (중소기업 이상) 자영업체 경영자
③ 전문직	교수, 언론인, 연구원, 의사, 법조인, 작가, 방송인, 디자이너, 간호사 등
④ 마케팅 / 영업직	마케팅 / 마케팅기획, 영업 / 영업 관리, 판매원, 매장관리, 고객관리 등
⑤ 기술 / 기능직	생산 · 제조직 종사자, 미용, 메이크업, 분장, 코디, 조리, 제빵, 영양사 등
⑥ 기타	직접 기입해 주세요( )

9. 귀하께서는 사회생활을 하신 지 몇 년 되셨나요?

　　　만　　　년

10. 현재 근무하는 회사에서의 직급을 기입해 주세요.

직급

끝까지 응답해 주셔서 진심으로 감사드립니다.

백인선(白仁仙)

중앙대학교 예술대학원 의상예술학과 석사
중앙대학교 일반대학원 의류학과 박사
EBS-Manager Society MBA 과정 수료
(주)태평양문화재단 학술지원연구원
중앙대학교 산학협력단 연구원
(주)모아방, (주)클라라윤, (주)엣떼스포츠, (주)감각, (주)리빙탑스 디자인실 근무
(주)서광기획 기획실 근무 중
(사)한국색채교육원 색채심리마케팅 강사
(사)아트센타 색채심리마케팅 강사
현) 중앙대학교 의류학과 강사

- 주요논저 -
『20-30 여성의 자기감시에 대한 수입잡화 제품속성·추구혜택 및 구매행동에 관한 연구』
『라이프스타일에 따른 인테리어샵의 제품속성평가 및 서비스평가와 구매행동』
『TV홈쇼핑에서 경품 및 사은품 행사가 의류상품구매에 미치는 영향』
『남성의 외모관리에 영향을 미치는 심리적 변인』
『인구통계학적 변인에 따른 남성의 화장품과 헤어제품 구매실태분석』
『노년여성의 웰빙성향과 외모관심도가 화장품구매의도 및 충성도에 미치는 영향』(공저)
『중·노년여성의 화장품 구매행태분석』(공저)
『철도의 역사와 철도유통의 현황』(공저)

사회비교이론에 따른

직장인의 외모관리와 패션상품구매

- 초판 인쇄 2007년 12월 30일
- 초판 발행 2007년 12월 30일

- 지 은 이 백인선
- 펴 낸 이 채종준
- 펴 낸 곳 한국학술정보㈜
  경기도 파주시 교하읍 문발리 513-5
  파주출판문화정보산업단지
  전화 031) 908-3181(대표) · 팩스 031) 908-3189
  홈페이지 http://www.kstudy.com
  e-mail(출판사업팀사업부) publish@kstudy.com
- 등   록 제일산-115호(2000. 6. 19)
- 가   격 8,000원

ISBN 978-89-534-8029-2 93590 (Paper Book)
　　　978-89-534-8030-8 98590 (e-Book)